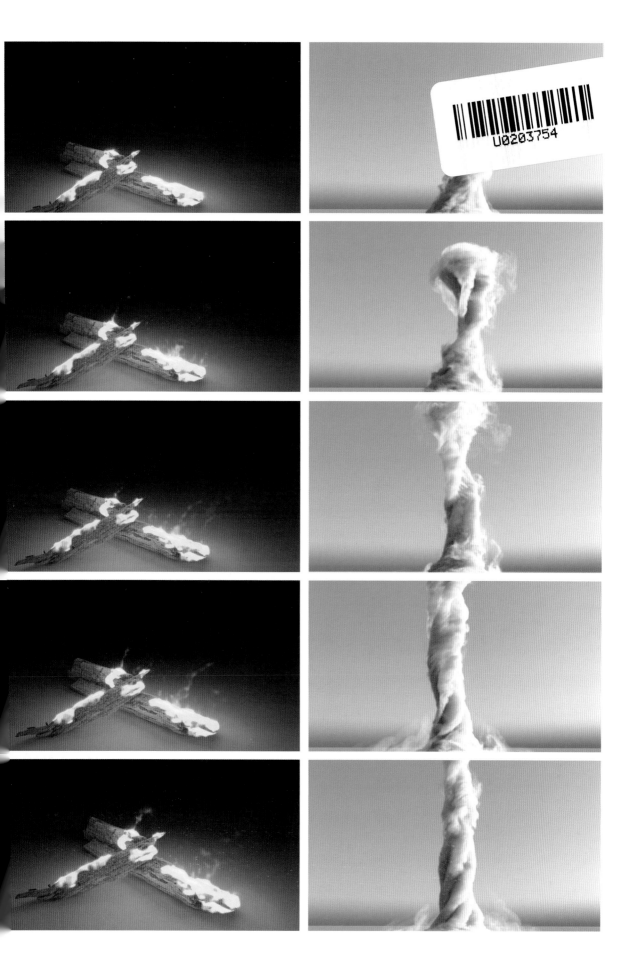

U0203754

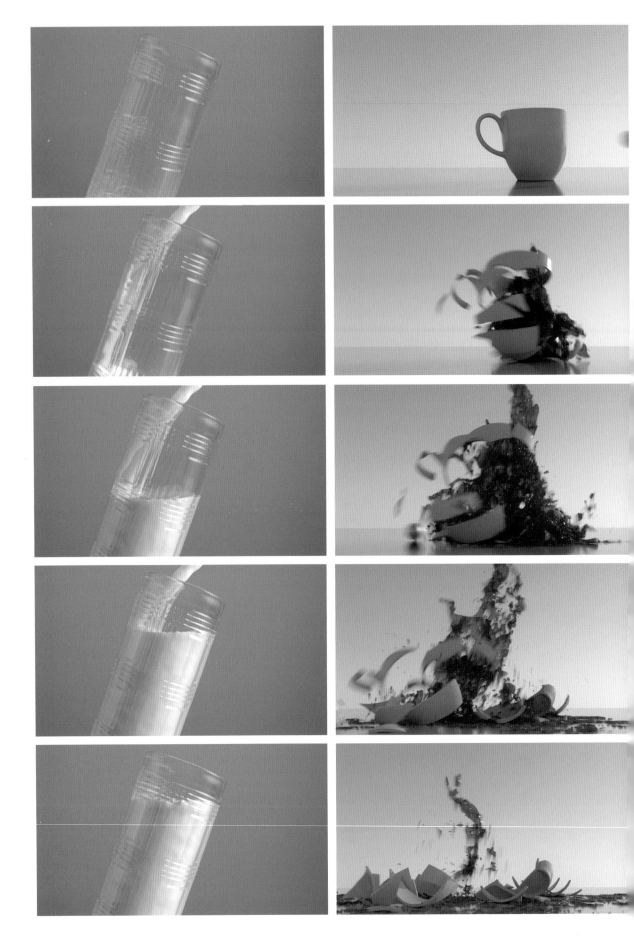

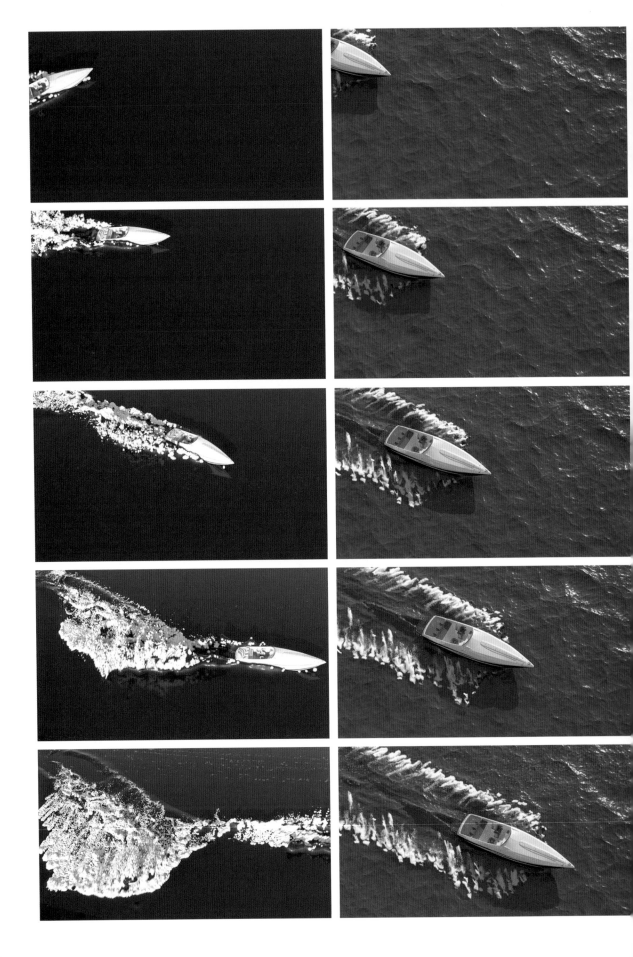

渲染王

来阳 / 编著

3ds Max
三维特效动画实战剖析

清华大学出版社

北京

内 容 简 介

本书定位于三维动画制作中的特效动画领域，全面讲解了如何使用 3ds Max 2020 及相关插件 Phoenix FD 来制作三维特效动画，涉及的效果包括破碎、燃烧、爆炸、浪花、飞溅等特效。书中实例可用于建筑、栏目包装等特效动画制作项目，这些均为非常典型的三维特效动画表现案例。书中内容丰富、章节独立，读者可直接阅读自己感兴趣或与工作相关的动画技术章节。

本书适合对 3ds Max 软件具有一定操作基础，并想要使用 3ds Max 来进行三维特效动画制作的读者阅读与学习，也适用于高校动画相关专业的学生学习参考。

本书封面贴有清华大学出版社防伪标签，无标签者不得销售。

版权所有，侵权必究。侵权举报电话：010-62782989 13701121933

图书在版编目(CIP)数据

渲染王 3ds Max 三维特效动画实战剖析 / 来阳编著 . —北京：清华大学出版社，2020.7
ISBN 978-7-302-55633-6

Ⅰ . ①渲…　Ⅱ . ①来…　Ⅲ . ①三维动画软件　Ⅳ . ① TP391.414

中国版本图书馆 CIP 数据核字 (2020) 第 090942 号

责任编辑：陈绿春
封面设计：潘国文
版式设计：方加青
责任校对：胡伟民
责任印制：沈　露

出版发行：清华大学出版社
　　　　网　　址：http://www.tup.com.cn，http://www.wqbook.com
　　　　地　　址：北京清华大学学研大厦 A 座　　　　　邮　　编：100084
　　　　社 总 机：010-62770175　　　　　　　　　　邮　　购：010-83470235
　　　　投稿与读者服务：010-62776969，c-service@tup.tsinghua.edu.cn
　　　　质 量 反 馈：010-62772015，zhiliang@tup.tsinghua.edu.cn
印 装 者：三河市龙大印装有限公司
经　　销：全国新华书店
开　　本：188mm×260mm　　印　张：14.25　　插 页：2　　字　数：445 千字
版　　次：2020 年 8 月第 1 版　　印　次：2020 年 8 月第 1 次印刷
定　　价：79.00 元

产品编号：086609-01

撰写三维特效动画方面的图书所花费的时间与精力通常比较多，一是因为市面上相似题材的图书较少，可借鉴的资料不多；二是动画技术相较于单帧的图像渲染技术要更加复杂。制作三维特效动画时，动画师不仅要熟知所要制作动画的相关运动规律，还要掌握更多的动画技术以支撑整个特效动画项目的完成，并且，在最终的三维动画模拟计算中，特效动画师还不得不在参数的设置上和动画结果的计算时间上去寻找一个平衡点，尽量用最少的时间来得到一个较为理想的特效动画模拟计算结果。相信许多学习过图像渲染技术的读者都知道渲染一张高品质的三维图像需要多少时间，同样，三维特效动画模拟也需要耗费大量的计算时间。本书秉承作者之前所编写的书籍《渲染王3ds Max三维特效动画技术》的写作手法，尽自己的最大努力将我在工作中所接触到的项目融入这本书里，希望读者通过阅读本书，能够更加熟悉这一行业对一线项目制作人员的技术要求以及掌握对解决这些技术问题所应采取的措施。

本书中的每一个章节均有提示是否需要其他的插件来辅助制作该章节所讲述的三维特效动画案例，并详细介绍了需要使用到的插件技术。关于插件的认知，很多初学者最常问到的就是学3ds Max是不是一定要学插件。答案，我个人是否定的。因为3ds Max软件本身的功能就很强大，也很完善，即使不用插件，用3ds Max也可以制作出很多令人震撼的三维作品。那么，为什么3ds Max还有这么多其他公司或个人开发插件呢？我觉得主要是为了便捷。不用插件，3ds Max也可以使用自身的PF粒子系统制作出非常漂亮的诸如火焰及水花的特效动画效果，但是涉及的操作符命令数量比较庞大，将这些操作符组合起来不但非常麻烦，调试参数的过程也非常耗时。如果使用了插件，那么，这一制作过程就会大大简化了，用户可以在掌握少量命令及调试少量参数的条件下，也可快速制作出高水准的特效动画效果，这无疑是令人振奋的。此外，在工作中，我也遇到过一些对插件技术持排斥态度的人，他们总觉得使用插件技术来制作动画是取巧的，不算真正的"硬功夫"。我觉得这是没有必要的，因为技术从来就不是越复杂越好，有简单实用的新技术，我们有什么理由去拒绝呢？

本书共分为10章，动画技术主要涉及液体动画、燃烧动画、爆炸动画、动力学动画等高级三维特效动画。每一个章节都是一个独立的特效动画案例，所以，读者可按照自己的喜好直接阅读感兴趣的章节来学习。

写作是一件快乐的事情。在本书的出版过程中，清华大学出版社的编辑陈绿春老师为本书的出版做了很多工作，在此表示诚挚的感谢。

由于作者的技术能力有限，本书难免有些许不足之处，还请广大读者批评指正。

本书的工程文件和视频教学文件请扫描下面的二维码进行下载，如果在下载过程中碰到问题，请联系陈老师，联系邮箱chenlch@tup.tsinghua.edu.cn。

视频教学

工程文件

来阳

2020年6月

目录

1.1 三维特效动画内涵

随着计算机动画制作技术的不断进步及动画师们对特效动画表现的不断研究，特效动画的视觉效果已经达到了真假难辨的逼真程度。虽然本书是一本主讲三维特效动画制作技术的书籍，但是，在本书的开始，我仍然想简单介绍一下什么是三维特效动画。

提起特效动画，人们马上就会想起当前影院里上映影片中的各种燃烧、爆炸、烟雾弥漫、山崩地裂等特效镜头，其中特效有些可以通过实拍获取，有些则无法实拍，只能通过计算机来进行三维特效动画制作。比如电影《2012》里的楼房倒塌镜头是绝对无法真的去爆破几栋高层楼房来进行拍摄的，如图1-1所示。《复仇者联盟》里的钢铁侠盔甲动画镜头也没法去研发一个可以变形的飞行装甲，如图1-2所示。同样，电影《博物馆奇妙夜》中的火山爆发镜头和电影《霍比特人》中的火龙喷火镜头也只能依靠高端三维特效动画制作技术来进行特效表现制作，如图1-3和图1-4所示。

图1-1

图1-2

图1-3

图1-4

相较于艺术类专业里的大多数专业来说，动画是一门年轻的学科，也是一门正在成长的学科。动画根据不同的表现内容及行业标准可以分为建筑动画、角色动画、特效动画、片头动画等。世界著名的迪士尼动画公司在1930年时只有两名从事特效动画制作的员工，而在不到十年的时间内，该公司的特效部规模已达到百人以上。从1995推出的三维动画片《玩具总动员》（如图1-5所示）开始，三维动画技术被广泛地应用到了迪士尼公司所生产的三维动画影片及真人动画影片中，同时，特效动画的制作技术也相应地完成了由手绘动画至三维计算机动画的转型发展。由此可见，就像大多数学科一样，特效动画也经历了一段从无到有、从被人忽视到备受瞩目的历史时期。

图1-5

　　毫无疑问，无论是想学好特效动画技术的动画师，还是想使用特效动画技术的项目负责人，首先都必须给予三维特效动画技术以足够的重视、肯定及尊敬。提起三维特效动画，人们首先就会觉得它制作方便、效果逼真。的确，使用计算机来制作特效动画不再需要像传统的手绘一样去逐帧进行绘制。比如制作一段火焰燃烧动画，特效师只要在三维软件中进行一系列的参数设置，经过一段时间的计算机计算，计算机就会生成这一镜头每帧的火焰燃烧形态。这种使用计算机来计算动画结果的制作方式让很多人误认为当今学习计算机动画已然很轻松，只要学习几个参数就可以制作一段效果逼真的燃烧特效动画。但是，三维特效动画的制作真的如此简单吗？答案当然是否定的。计算机只是帮助动画师去计算火焰的形态，而制作火焰燃烧所需要的动画设置技术却远远比人们所想象的要复杂得多。图1-6所示为Pete Draper（2008）在其著作*Deconstructing the Elements with 3ds Max, Third Edition: Create natural fire, earth, air and water without plug-ins*中，为读者讲解的使用3ds Max软件的"粒子流源"对象创建的效果极佳的火焰燃烧特效所使用的粒子结构设置图，在这里，粒子操作符就使用到了多达52个，当然，这还不包括场景中复杂的灯光及材质设置技术。

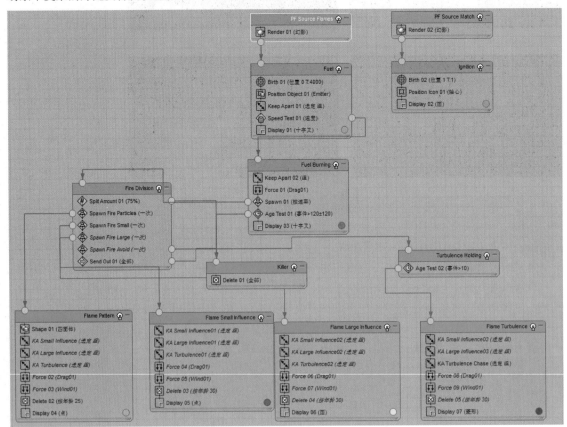

图1-6

　　早在20世纪80年代左右，计算机制图技术刚刚发展，工业光魔资深视觉特效师Dennis Muren想要将计算机制图技术应用于他们所拍摄的电影中时，但是由于不懂得计算机技术所产生的恐慌导致了否定的情绪不断产生，使得这一计划遭到了很多电影人的强烈反对。使用计算机技术来代替传统的影片拍摄手法让很多技术转型的人心存不满，甚至担心自己将来会因此而失业。工业光魔美术师Jean Bolte在刚刚进行计算机绘图技术的学习时也曾遭到了大家的很多指责，但是，数码影像后来获取了整个模型部的认可，CG技术的广泛使用最终在电影里取得了很大的成功。在后来的日子里，工业光魔将胶片时代改写为全新的数字时代，并获取了15次奥斯卡最佳特效奖和23次奥斯卡提名，如图1-7所示。

图1-7

　　三维特效动画制作技术一直是三维软件学习中的一个难点，同时，这一技术也不仅限于之前所说的燃烧、爆炸、烟雾，还有诸如植物生长、建筑生长、破碎动画、变形动画等都属于特效动画的技术范畴。那么，什么是特效动画呢？美国动画特效专家Joseph Gilland（2009）在其著作*Elemental Magic: The Art of Special Effects Animation*中认为，特效动画是诸如表现地震、火山、闪电、雨水、烟尘、波浪、雪花等自然界存在的以及不存在的魔法等特殊效果的一门独立的艺术形式。这一描述也基本上涵盖了本书所要表现的制作内容，所以在本书中，对三维特效动画仅狭义地认为是在计算机上使用三维动画软件来进行制作燃烧、爆炸、浪花、液体、破碎、植物生长等特殊的视觉效果动画。

　　在各个动画公司中，三维特效都是一个大杂烩部门，当其他部门遇到难以制作的高难度动画镜头后，最终都会一股脑儿地扔给特效部。各种类型的特效动画制作技术之间差异巨大，并且就算是制作同一类型的特效动画，在三维软件中也需要掌握多种技术手法才能满足不同的项目要求。所以，能在特效部坚持下来的动画师基本上每人都精通最高端、最前沿的三维动画技术。

　　仍然以制作火焰特效动画为例，在Autodesk公司出品的旗舰级动画软件Autodesk 3ds Max中，就有多种技术手段来进行表现制作，3ds Max最早为用户提供了一种使用"大气效果"来进行火焰制作的动画解决方案，这一技术设置简单，但是效果却略显差强人意。之后，三维艺术家们发现使用"喷射"粒子来进行火焰燃烧的动画制作效果也不错，并广泛将其应用于游戏动画制作当中。到了3ds Max 6这一版本，新增的"粒子流源"工具使得三维艺术家们对粒子的设置又有了新的认识。现在，广告公司及影视特效公司则开始普遍在3ds Max中安装第三方软件公司所生产的付费插件来进行制作火焰燃烧的效果，随着软件技术的不断发展，特效师可以以更加便捷的技术制作出效果逼真的特效动画。图1-8~图1-10所示分别为在3ds Max软件中使用不同技术所制作出来的火焰燃烧效果。

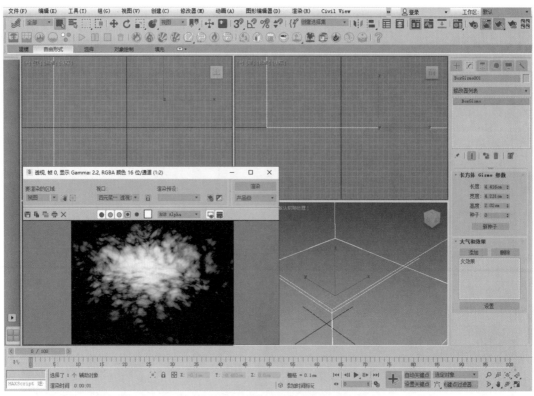

图1-8

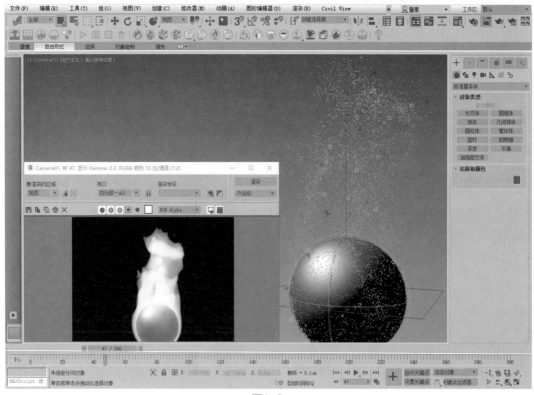

图1-9

4

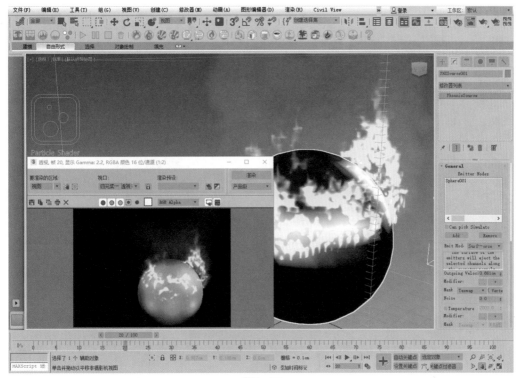

图1-10

1.2　三维特效动画的应用

三维特效动画技术如今已经发展得相当成熟，在各个行业的可视化产品中均起到画龙点睛的作用。

1.2.1　影视特效

当前，电影中的各种特效镜头正以一个非常密集的数量来吸引人们的眼球，可以说，没有特效镜头的影片不算大片。在此基础上，一些著名的电影特效公司应运而生，比如说大名鼎鼎的工业光魔（Industrial Light and Magic），从1977年《星球大战》的成功开始，其电影特效技术已经代表了当今电影特效行业顶尖的制作水准，并于2005年获得了由美国总统布什所授予的国家最高科学技术奖，其代表作有《钢铁侠》《变形金刚》等，如图1-11和图1-12所示。

图1-11

图1-12

1.2.2　建筑表现

建筑动画里也会出现一些表现雨天、雪天、四季变换等的特效动画镜头，这些动画镜头所表现出的天气状况会让建筑给人以一种别样的画面美感，如图1-13和图1-14所示。

图1-13　　　　　　　　　　　　　　　　　图1-14

不一定所有的特效动画都源于自然，比如说建筑生长动画，建筑当然不可能像动画中的那样以一种很快的节奏配合激昂的背景音乐拔地而起，但是这一特效的确是建筑动画里的一个亮点，如图1-15所示。

图1-15

1.2.3　栏目包装

栏目包装已经将文字类的特效动画运用到了极致，比如文字组合、文字消散等动画，图1-16所示。

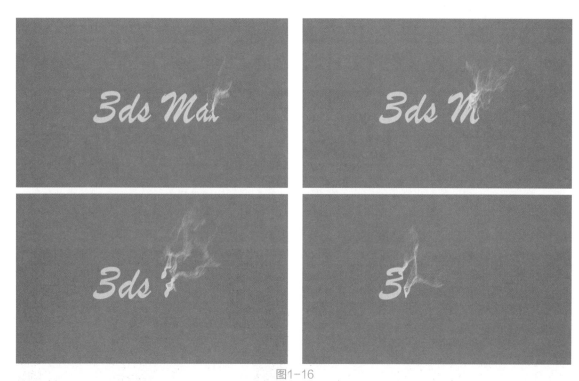

图1-16

1.2.4　游戏动画

在游戏中，特效动画的应用已经达到了一个惊人的程度，无论是射击游戏、角色扮演游戏还是打怪升级的网络游戏，如果特效做得不好，直接会影响游戏的可玩性和销售量，如图1-17所示为国外著名游戏公司出品游戏中的特效截图。

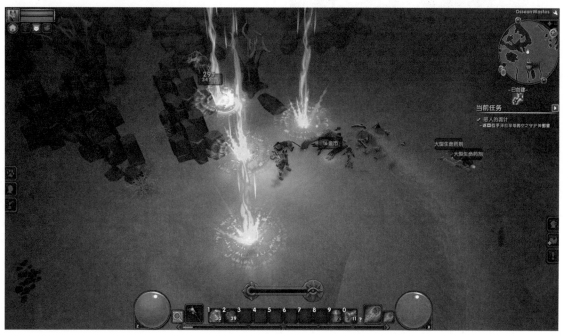

图1-17

1.3 我们身边的特效镜头

要想制作出效果逼真的特效动画镜头，就必须对所要制作的效果充分了解。细心留意我们的身边，就可以发现很多的特效镜头，及时地将这些画面记录下来，对于学习制作特效动画意义非凡。

1.3.1 液体特效

我们每天都会接触到液体，从早上起床开始，洗脸、刷牙、早餐等，液体特效充斥着我们的日常生活；一杯牛奶、一块披萨、火锅里沸腾的汤水都可以让我们在轻快地享用美餐时观察不同种类液体的特性展示；小区里的喷泉、鱼池也可以给我们以制作液体特效的灵感；当遇见阴雨天气时，我们也可以随手抓拍到身边精彩的特效画面回去细细观摩，如图1-18~图1-21所示。

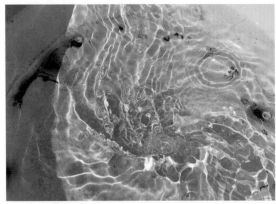

图1-18

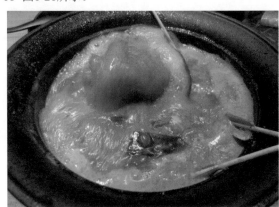

图1-19

图1-20

图1-21

1.3.2 烟雾特效

工作之余的一支烟，工厂排放燃气的烟筒，晨起时的大雾，又或是火锅店里的烟雾都是用来制作烟雾特效极好的参考素材，如图1-22和图1-23所示。

图1-22

图1-23

1.3.3　燃烧特效

　　生活离不开火，厨房里的煤气灶、燃烧的蜡烛等都可以让我们在近处安全地观察燃烧效果，如图1-24和图1-25所示。

图1-24

图1-25

2.1 效果展示

　　本章节为读者讲解如何制作真实的火焰燃烧特效动画，最终的渲染动画序列效果如图2-1所示。该实例使用中文版3ds Max 2020软件进行制作，另外，需要注意的是本章节的内容还需要读者安装Chaosgroup公司生产的可安装在3ds Max 2020这一版本的VRay渲染器和Phoenix FD火凤凰插件，动画输出使用VRay渲染器进行渲染。

图2-1

2.2 动画场景分析

01 打开本书配套场景资源文件，可以看到该场景已经设置好材质、摄影机及渲染参数，里面包含有一个干枯木头的模型，如图2-2所示。

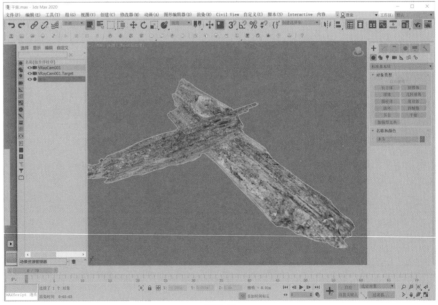

图2-2

02 在制作动画之前，首先我们先检查一下场景的单位设置。执行菜单栏"自定义/单位设置"命令，打开"单位设置"对话框，设置"显示单位比例"的选项为"公制"，单位为"米（m）"，如图2-3所示。单击"系统单位设置"按钮，在弹出的"系统单位设置"对话框中，设置1单位=1.0毫米（mm），如图2-4所示。

图2-3 图2-4

03 在"创建"面板中单击"卷尺"按钮，在"顶"视图中测量一下场景中木头模型的长度，可以看到木头模型的长度约为0.3m，如图2-5所示。

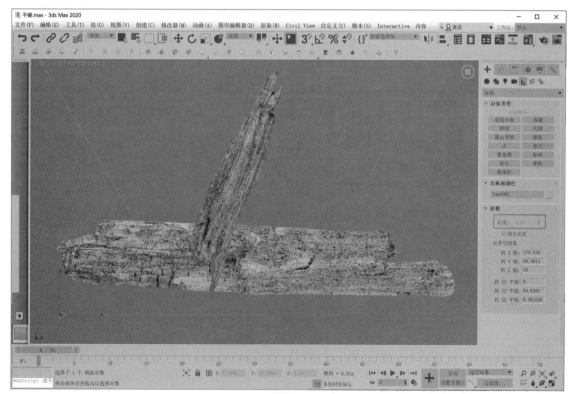

图2-5

04 检查完场景模型的尺寸后，接下来就可以进行动画制作了。

2.3　制作火焰燃烧动画

2.3.1　制作火焰发射装置

01 在"创建"面板中，将"几何体"的下拉列表切换至PhoenixFD选项，单击FireSmokeSim按钮，在场景中如图2-6所示位置处创建一个火烟雾模拟器。

02 在"修改"面板中，展开Grid（栅格）卷展栏，设置Cell Si（单元大小）的值为0.01m，设置X、Y和Z的值分别为50、30和30，这样，火烟雾模拟器的Total Cel（总计单元）的值显示为45 000，如图2-7所示。

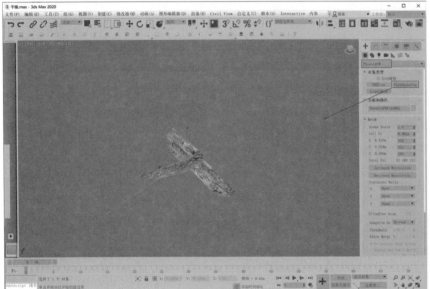

图2-6

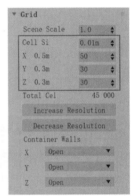

图2-7

03 设置完成后，将流体模拟器的位置调整至如图2-8所示位置处。

04 在"创建"面板中，将"辅助对象"的下拉列表切换至PhoenixFD选项，如图2-9所示。

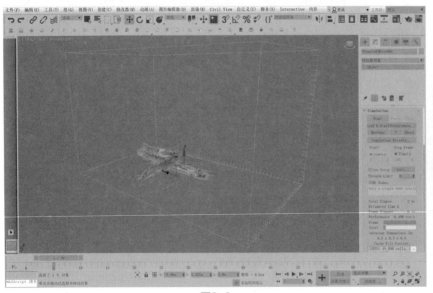

图2-8

图2-9

05 单击PHXSource按钮，在场景中创建一个图标为火焰形状的PHX源对象，如图2-10所示。

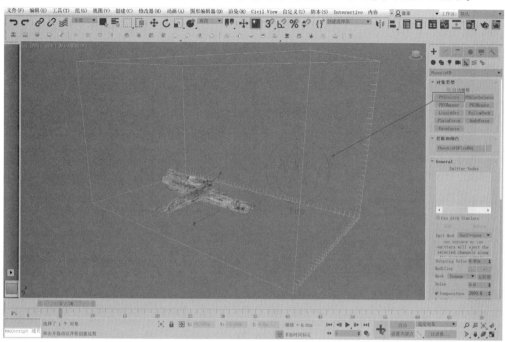

图2-10

06 在"修改"面板中，展开General卷展栏，单击Add（添加）按钮，将场景中的木头模型添加至Emitter Nodes（发射节点）下方的对象列表里，如图2-11所示。

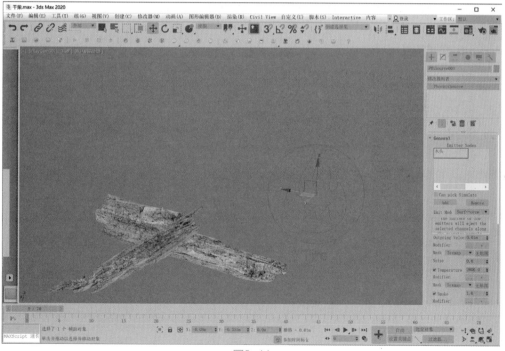

图2-11

07 展开Dynamics（动力学）卷展栏，设置Conservation（守恒）组内的Quality（质量）值为20，提高燃烧动画的计算质量，如图2-12所示。

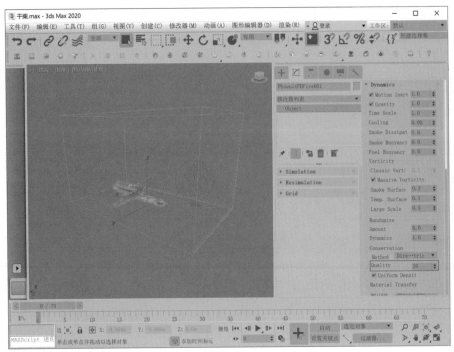

图2-12

08 设置完成后，展开Simulation（模拟）卷展栏，单击Start（开始）按钮，进行火焰燃烧动画的模拟计算，计算结果如图2-13所示。

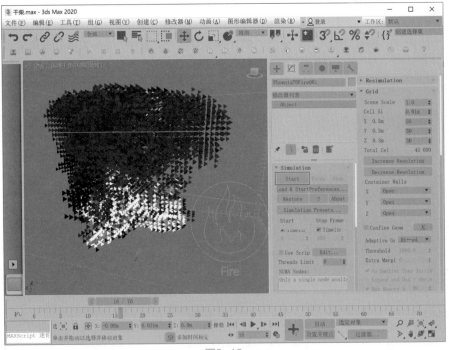

图2-13

09 在默认状态下，火烟雾模拟器所生成的燃烧效果显示为三角形的粒子状态，看起来效果不太直观。这时，可以展开Preview（预览）卷展栏，勾选GPU Preview组内的Enable In Viewport复选框，这样可以使得我们更加方便地在视口中观察到火烟雾模拟器所生成的燃烧效果，如图2-14所示。

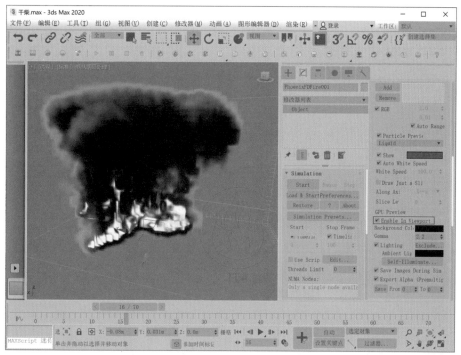

图2-14

10 在本实例中所要模拟的燃烧效果不需要产生非常浓的烟雾,所以选择场景中图标为火焰形状的PHX源对象,在"修改"面板中,应取消勾选Smoke(烟雾)复选框,并设置Outgoing Velocity的值为0.1m,如图2-15所示。

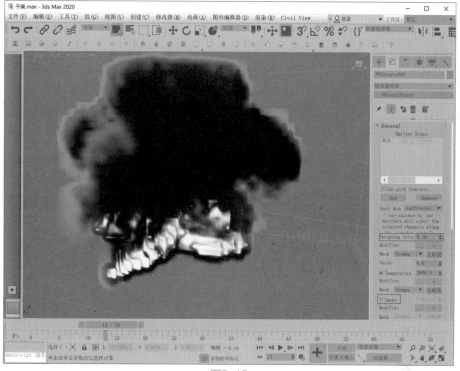

图2-15

11 设置完成后，在场景中选择火烟雾模拟器，再次单击Simulation（模拟）卷展栏中的Start（开始）
按钮，开始计算燃烧动画，计算结果如图2-16所示。

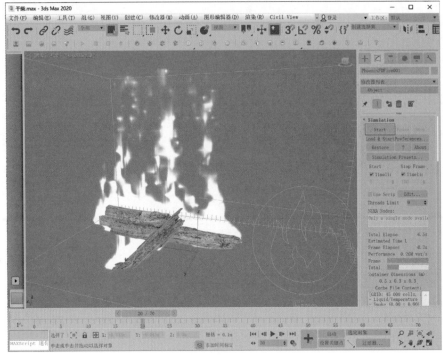

图2-16

12 选择场景中的木头模型，在"修改"面板中为其添加"顶点绘制"修改器，添加完成后，系统会自
动弹出"顶点绘制"对话框，如图2-17所示。

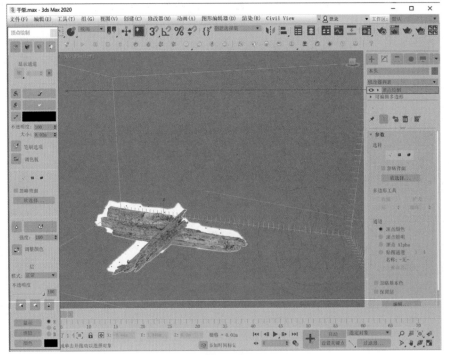

图2-17

13 在"顶点绘制"对话框中，单击"顶点颜色显示"按钮，设置当前选择的木头模型显示其顶点颜色。接下来，单击"全部绘制"按钮，将木头模型绘制为黑色，如图2-18所示。

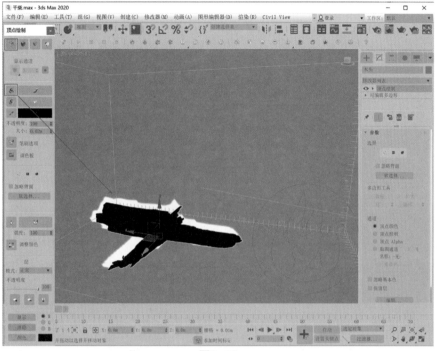

图2-18

14 设置"擦除"按钮下方的颜色控件的颜色为白色，然后单击"绘制"按钮，在木头模型上进行绘制，绘制完成的部分将显示出木头模型上的贴图纹理，这些被绘制出来的区域我们将来可以设置为木头模型上的着火点，如图2-19所示。

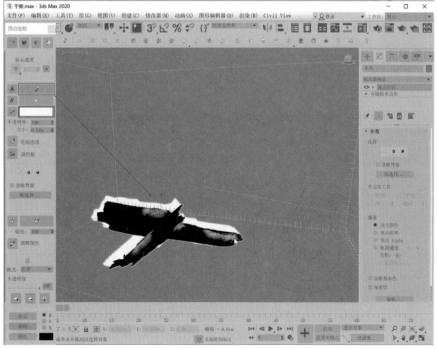

图2-19

⑮ 顶点绘制完成后，在场景中选择图标为火焰形状的PHX源对象，在"修改"面板中，单击Mask（遮罩）命令后面的"无贴图"按钮，在弹出的"材质/贴图浏览器"对话框中，选择"顶点颜色"贴图，如图2-20所示。

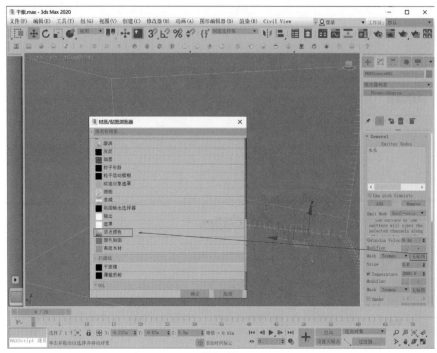

图2-20

⑯ 设置完成后，在场景中选择火烟雾模拟器，单击Simulation（模拟）卷展栏中的Start（开始）按钮，开始计算燃烧动画，计算结果如图2-21所示，火焰将只从木头模型上绘制的区域开始产生。

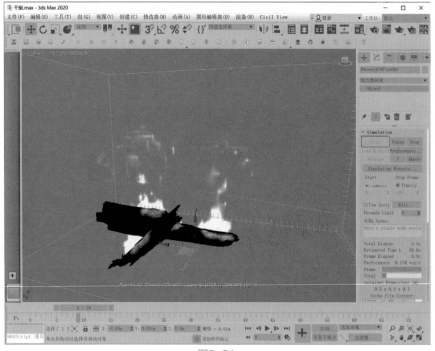

图2-21

17 展开Grid（栅格）卷展栏，单击Increase Resolution（增加分辨率）按钮，将Total Cel（总计单元）的值提高到1 294 992，增加火烟雾模拟器的燃烧模拟精度，再次单击Simulation（模拟）卷展栏中的Start（开始）按钮，开始计算燃烧动画，可以看到这次模拟出来的火焰形态比之前要精细许多，如图2-22所示。

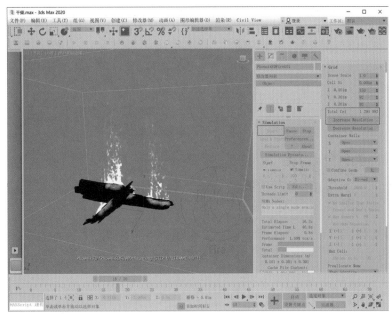

图2-22

2.3.2　为火焰动画添加力学

01 在"创建"面板中，单击PlainForce（平力）按钮，在场景中创建一个带有箭头图标的平力，如图2-23所示。

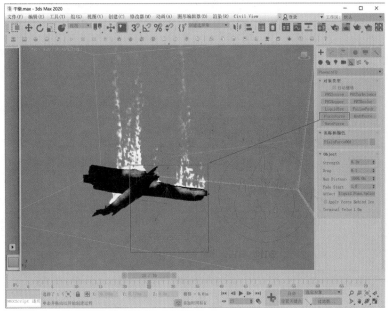

图2-23

02 使用"旋转"工具调整平力的箭头方向至如图2-24所示,并移动平力图标的位置,使其处于火烟雾模拟器的范围内。

03 在"修改"面板中,设置平力的Strength(强度)值为5.0m,如图2-25所示。

图2-24   图2-25

04 设置完成后,在场景中选择火烟雾模拟器,在"修改"面板中,单击Simulation(模拟)卷展栏中的Start(开始)按钮,开始计算燃烧动画,计算结果如图2-26所示。我们可以看到现在木头上的火焰燃烧方向已经发生了改变。

图2-26

2.3.3 火焰的渲染设置

01 在"创建"面板中，将"几何体"的下拉列表切换至VRay，单击VRayPlane（VRay平面）按钮，在场景中任意位置处创建一个VRay平面作为场景的地面，如图2-27所示。

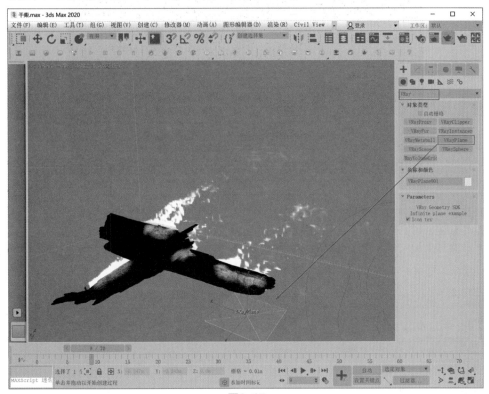

图2-27

02 将VRay平面的颜色设置为灰色，如图2-28所示。

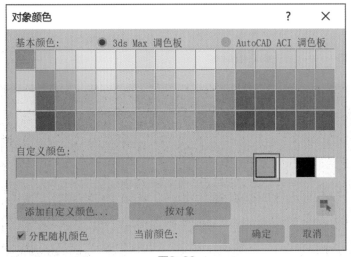

图2-28

03 按下快捷键C键，进入"摄影机"视图，渲染场景，渲染结果如图2-29所示。

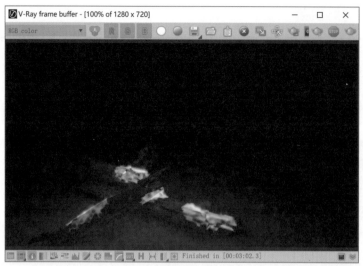

图2-29

04 选择场景中的火烟雾模拟器，在"修改"面板中，展开Rendering（渲染）卷展栏，单击Render Presets（渲染预设）按钮，在弹出的菜单中执行Fire（火焰）命令，如图2-30所示。同时，系统还会自动弹出Phoenix FD对话框，提示用户这将覆盖现在的渲染设置，是否确定要继续？单击Yes按钮，则可以使用预设的火焰效果进行渲染，如图2-31所示。

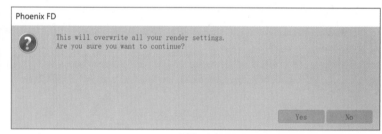

图2-30　　　　　　　　　　　　　　　　　　　　　　图2-31

05 设置完成后，渲染场景，渲染结果如图2-32所示。

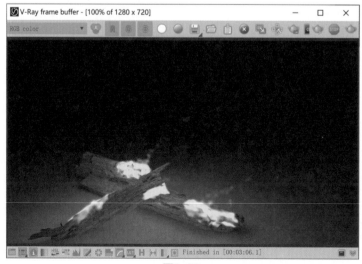

图2-32

2.3.4 为火焰添加粒子细节

01 在场景中选择图标为火焰形状的PHX源对象，在"修改"面板中，勾选Particles（粒子）复选框，并设置粒子的值为3.0，降低粒子的发射数量，如图2-33所示。

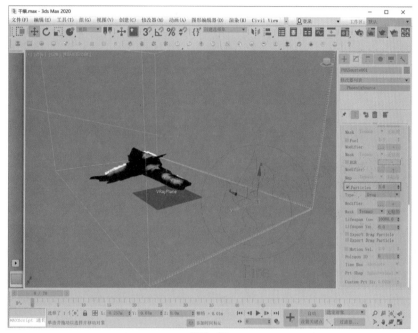

图2-33

02 设置完成后，在场景中选择火烟雾模拟器，在"修改"面板中，单击Simulation（模拟）卷展栏中的Start（开始）按钮，开始计算燃烧动画，这时，可以看到有红颜色的点状粒子随着火焰生成燃烧，如图2-34所示。

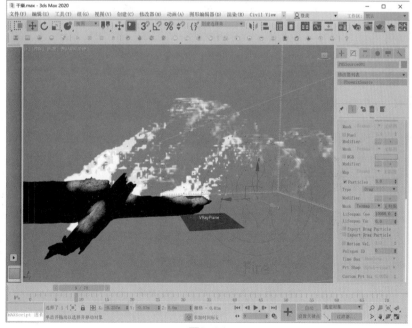

图2-34

03 在"创建"面板中，单击PHXFoam（PHX泡沫）按钮，在场景中创建一个图标显示为Particle Shader的PHX泡沫对象，如图2-35所示。

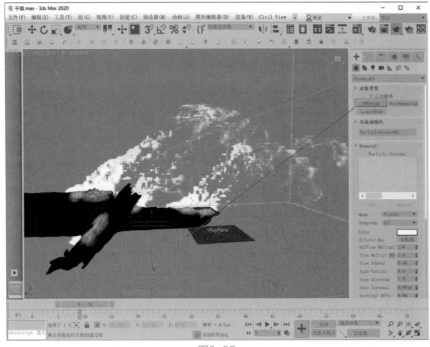

图2-35

04 在"修改"面板中，单击Particle Systems（粒子系统）下方的Add（添加）按钮，将场景中的火烟雾模拟器添加进来，并设置Color的颜色控件为橙色（红：227，绿：85，蓝：0），设置如图2-36所示。

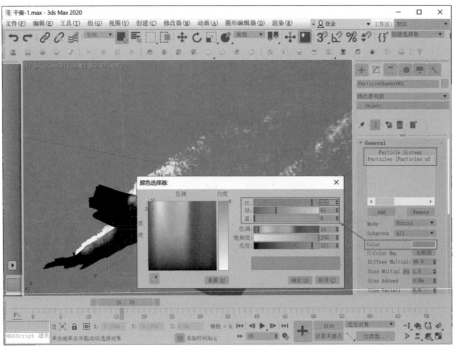

图2-36

05 设置完成后，渲染"摄影机"视图，从渲染结果可以看到图像上添加了一些粒子细节，如图2-37所示。

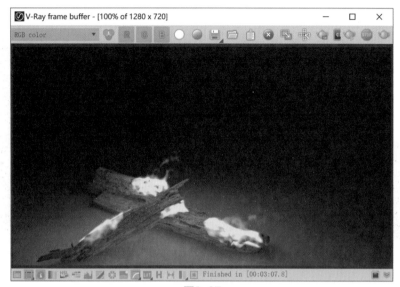

图2-37

06 展开Point（点）卷展栏，勾选Ignore Particle Size（忽略粒子大小）复选框，设置Point Radius（点半径）值为2.0，增加粒子的渲染大小，如图2-38所示。

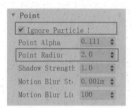

图2-38

07 设置完成后，再次渲染"摄影机"视图，渲染结果如图2-39所示。

图2-39

08 在V-Ray frame buffer（V-Ray渲染帧窗口）中单击Open Lesns effects settings（打开镜头效果设置）按钮，如图2-40所示。

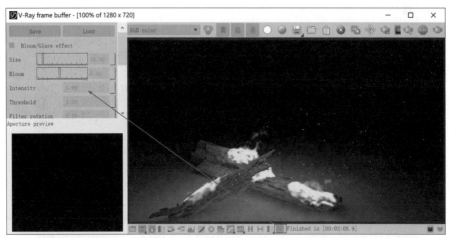

图2-40

09 勾选Bloom/Glare effect复选框，设置Size（大小）的值为80.00，设置Bloom的值为0.45，设置Intensity（强度）的值为5.00，为渲染结果添加后期镜头光晕特效，如图2-41所示。

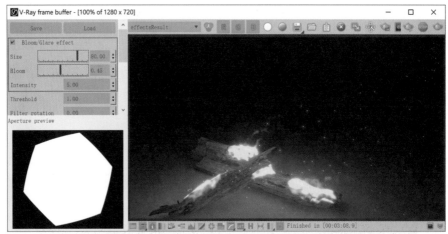

图2-41

  本实例所要表现的燃烧效果属于木头刚刚燃起的状态，所以火苗不会太大。如果读者希望将火焰的燃烧效果设置得较大一些，可以尝试加大Grid卷展栏中的Scene Scale（场景缩放）值。如图2-42为Scene Scale（场景缩放）值设置为15.0之后的火焰燃烧渲染效果。

图2-42

技术专题：如何获取正版的Phoenix FD和VRay软件

Chaos Group公司是世界领先的计算机图像技术公司，专注研发基于物理的渲染和模拟软件，为全球顶级设计公司、电影特效公司和建筑设计公司提供产品解决方案及帮助。本书中的案例全部使用3ds Max 2020版本进行制作，其中，部分章节中的实例还需要使用Chaos Group公司出品的Phoenix FD和VRay软件来进行辅助制作，下面我们就来看一下怎样获取到这些正版软件的安装文件。

01 用户可以通过网页浏览器前往Chaos Group公司的官方网站，在主页的右上方可以单击"试用"按钮，如图2-43所示。

图2-43

02 在"免费试用"网页上，用户可以看到Chaos Group公司为用户提供了长达30天的产品下载地址，如图2-44和图2-45所示。

图2-44

27

图2-45

03 用户选择好自己要试用的软件产品后，单击下载地址，会弹出登录界面，用户可以创建一个账户或者使用自己原有的账户进行登录就可以进行正版软件的下载了。当30天的试用期结束后，用户可以根据自己的实际情况选择是否购买正版软件来继续学习或工作。

2.4　渲染设置

01 打开"渲染设置"面板，可以看到本场景预先设置了使用VRay渲染器来进行渲染，如图2-46所示。

图2-46

02 在"公用"选项卡中，设置"时间输出"的选项为"范围：50至200"，并设置"输出大小"的

"宽度"值为1280，"高度"值为720，如图2-47所示。

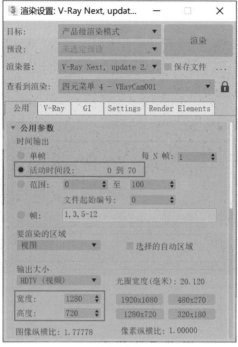

图2-47

03 在V-Ray选项卡中，展开Progressive image sampler（图像采样）卷展栏，设置Render time （渲染时间）的值为3.0，如图2-48所示。

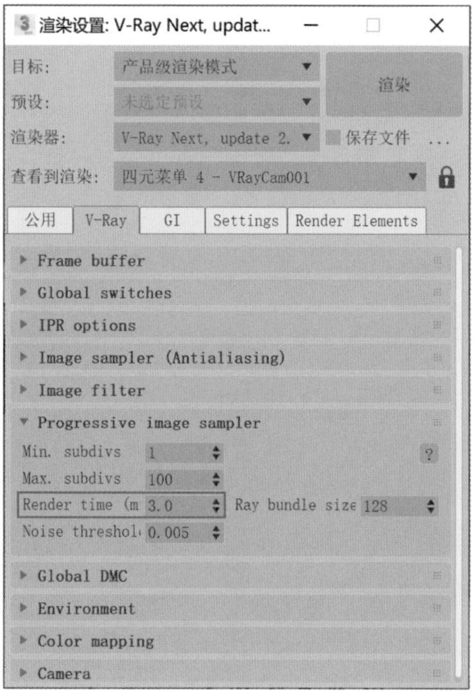

图2-48

04 设置完成后，渲染场景，本实例的最终渲染结果如图2-49所示。

图2-49

3.1 效果展示

　　本章节为读者讲解如何在3ds Max中制作龙卷风特效动画，最终的渲染动画序列效果如图3-1所示。该实例使用中文版3ds Max 2020软件进行制作，另外，需要注意的是本章节的内容还需要读者安装Chaosgroup公司生产的可安装在3ds Max 2020这一版本的VRay渲染器和Phoenix FD火凤凰插件，动画输出使用VRay渲染器进行渲染。

图3-1

3.2 场景单位设置

01 启动中文版3ds Max 2020软件，在制作龙卷风特效之前，我们先将场景中的单位设置好，由于是模拟场景的尺寸较大，所以我先将场景中的单位设置更改一下。

02 执行菜单栏"自定义/单位设置"命令，打开"单位设置"对话框，设置"显

示单位比例"的选项为"公制"，单位为"米（m）"，如图3-2所示。单击"系统单位设置"按
钮，在弹出的"系统单位设置"对话框中，设置1单位=1.0厘米（cm），如图3-3所示。

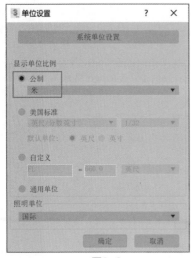

图3-2　　　　　　　　　　　　　　　　　　　　图3-3

03 单位设置完成后，就可以进行接下来的动画制作了。

3.3　制作龙卷风动画

3.3.1　创建龙卷风发射器

01 在"创建"面板中，单击"长方体"按钮，在场景中创建一个长方体模型作为龙卷风的发射器，如
图3-4所示。

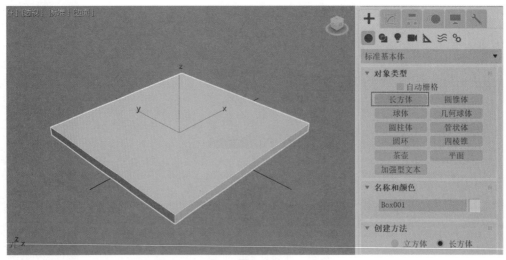

图3-4

02 在"修改"面板中，设置长方体模型的"长度"值为5.0m，"宽度"值为5.0m，"高度"值为
0.1m，"长度分段"的值为10，"宽度分段"的值为10，如图3-5所示。

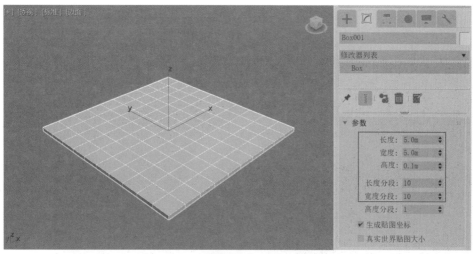

图3-5

03 设置完成后，调整长方体的位置至场景中的坐标原点处，如图3-6所示。

图3-6

04 为了观察方便，我暂时将操作视口的背景颜色更改为深灰色。然后，选择长方体模型，在 PhoenixFD Toolbar（PhoenixFD 工具栏）上单击Phoenix FD Setup a Large-scale Smoke sim for the selected objects（为所选择的对象添加烟雾模拟）按钮，设置完成后，可以看到场景中会自动添加 FireSmokeSim（火烟雾模拟器）和一个PHXSource（PHX源），如图3-7所示。

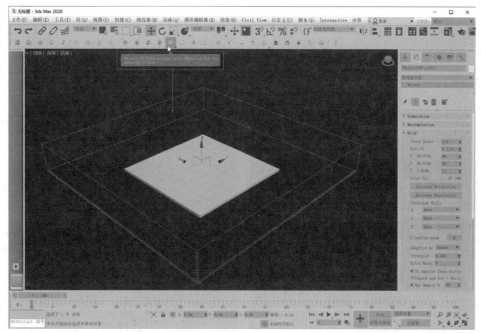

图3-7

05 展开Simulation（模拟）卷展栏，单击Start（开始）按钮，即可开始在视图中看到模拟出来的烟雾 效果，如图3-8所示。

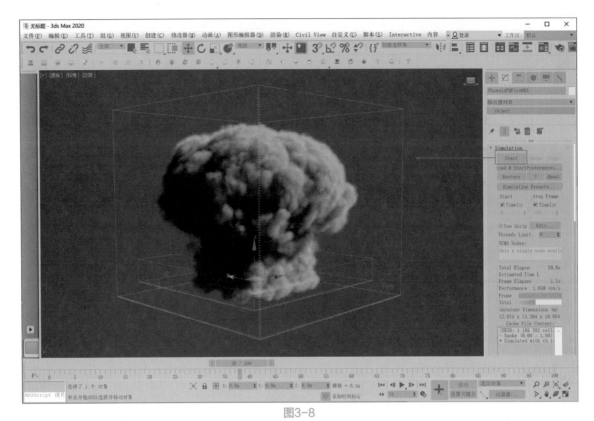

图3-8

06 拖动"时间滑块"按钮，观察场景中生成的烟雾效果，可以看到在默认状态下，烟雾从长方体模型上开始发射，沿Z轴向上运动，如图3-9所示。

图3-9

07 在"创建"面板中，单击"漩涡"按钮，在场景中创建一个漩涡力，如图3-10所示。

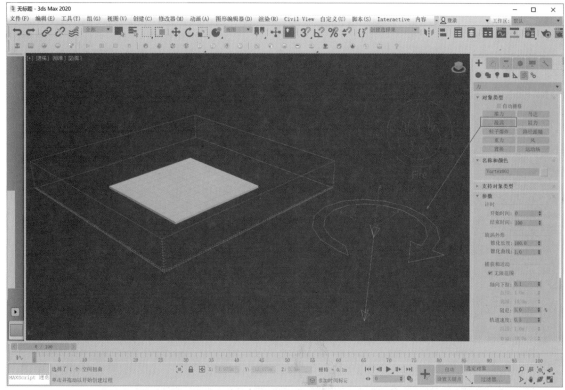

图3-10

08 在"透视"视图中，旋转漩涡力的方向，并调整其位置至场景的坐标原点处，如图3-11所示。

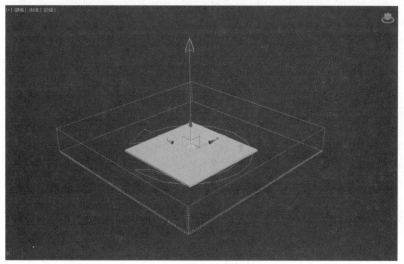

图3-11

09 单击"时间配置"按钮，在弹出的"时间配置"对话框中，将场景动画的"结束时间"设置为150，增加本实例的动画帧数，如图3-12所示。

10 选择漩涡力，在"修改"面板中，展开"参数"卷展栏，设置漩涡力产生影响的"结束时间"为150，设置"轴向下拉"的值为5.0，设置"轨道速度"的值为5.0，设置"径向拉力"的值为1.5，如图3-13所示。

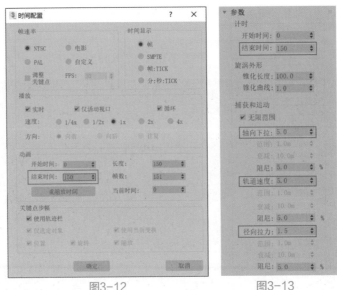

图3-12 图3-13

11 选择场景中的火烟雾模拟器，展开Preview（预览）卷展栏，单击Add（添加）按钮，然后在视图中单击漩涡力，设置漩涡力对该模拟器产生影响，设置完成后，漩涡力的名称将会出现在Add（添加）按钮右边的列表中，如图3-14所示。

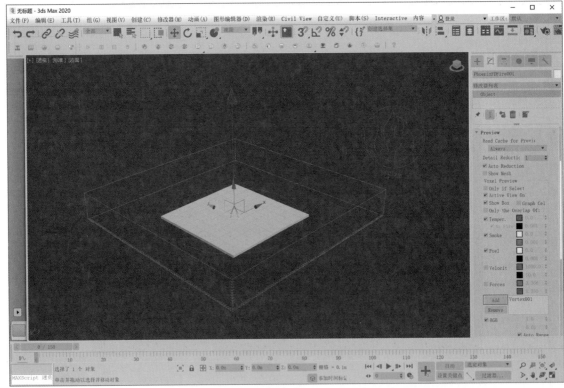

图3-14

12 勾选Forces（力）复选框，并取消勾选GPU Preview（GPU预览）组内的Enable In Viewport（在视图中启用）复选框，禁用GPU预览模式，这样可以在视图中观察漩涡力对火烟雾模拟器的影响，如图3-15所示。

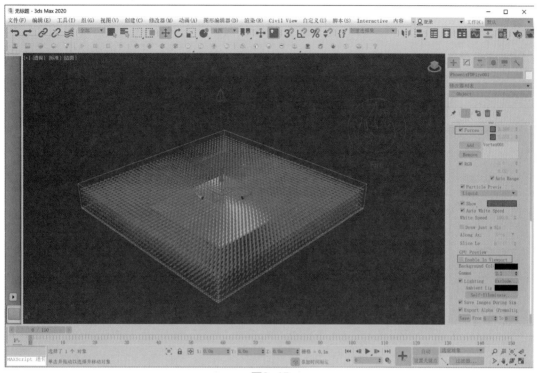

图3-15

　　如果读者觉得在默认状态下，火烟雾模拟器内的三角箭头太多影响观察时，可以提高Detail Reduction（细节减少）值，如图3-16所示为当Detail Reduction（细节减少）值设置为5时的火烟雾模拟器受漩涡力影响的显示结果。这时，我们可以很清晰地通过箭头方向来观察场景中的漩涡力对火烟雾模拟器所产生的影响。

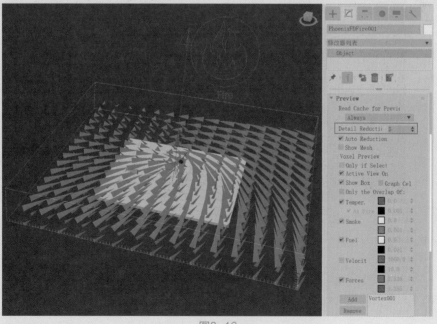

图3-16

此外，该值还会对GPU Preview（GPU 预览）产生影响，如图3-17所示分别为该值是0和5的烟雾显示效果对比。从显示结果可以看出，较小的值可以使得火烟雾模拟器显示出较为精细的视觉效果，而较大的值则使得显示效果比较粗糙。

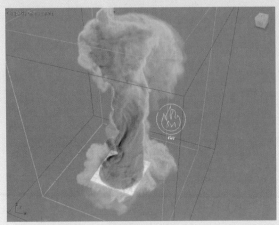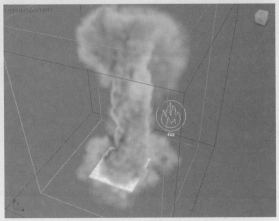

图3-17

13 设置完成后，再次计算模拟出烟雾的动画效果，模拟结果如图3-18所示。

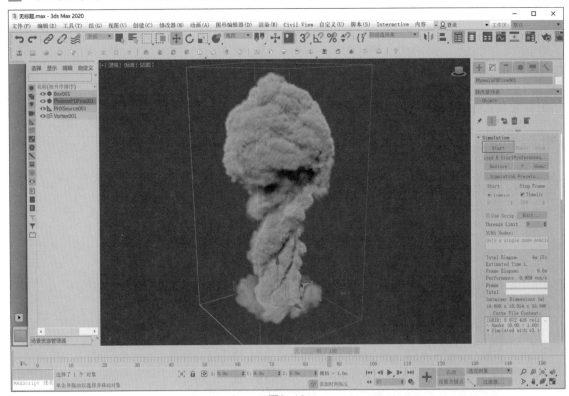

图3-18

14 拖动"时间滑块"按钮，这时我们可以很清楚地观察到长方体产生的烟雾受到了漩涡力的影响，产生出盘旋上升的形态，如图3-19所示。

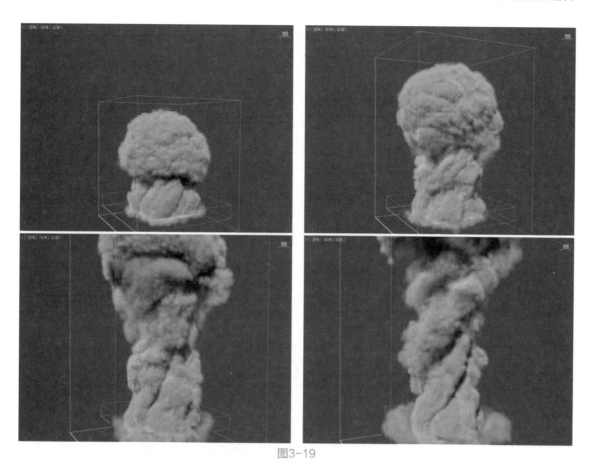

图3-19

15　在场景中选择PHXSource（PHX源），将Temperature（温度）的值减少至300.0，如图3-20所示。

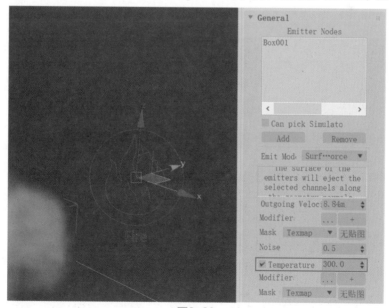

图3-20

16　在场景中选择火烟雾模拟器，展开Grid（栅格）卷展栏，设置Scene Scale（场景缩放）的值为1，如图3-21所示。

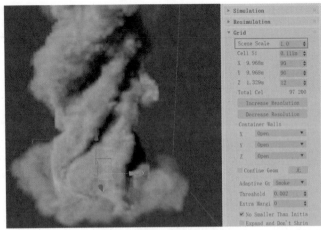

图3-21

17 展开Dynamics（动力学）卷展栏，设置Smoke Buoyancy（烟雾浮力）的值为0，如图3-22所示。

图3-22

18 设置完成后，开始计算烟雾动画，计算结果如图3-23所示，我们可以看到在龙卷风的顶端出现了一个尖尖的蘑菇云形状。

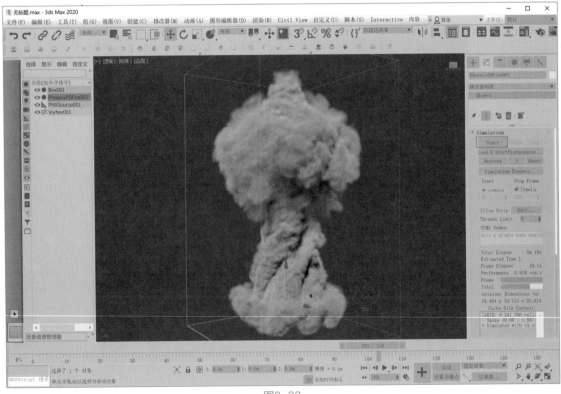

图3-23

技术专题：如何更改视口的背景色

3ds Max软件允许用户随意更改操作视口的背景颜色，用户可以通过按下组合键Alt+B快速打开"视口配置"对话框，如图3-24所示。

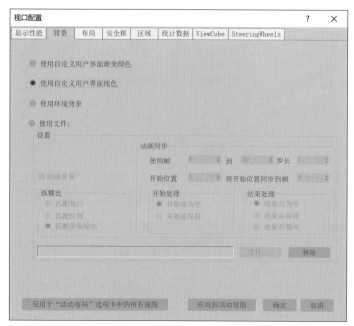

图3-24

在"视口配置"对话框内的"背景"选项卡中，我们可以设置视口显示为渐变色、纯色、环境背景以及文件。通常，快速更改视口背景色的方法主要为选中"使用环境背景"单选按钮。然后，按下快捷键8键，在弹出的"环境和效果"面板中，更改背景的"颜色"就可以了，如图3-25所示。

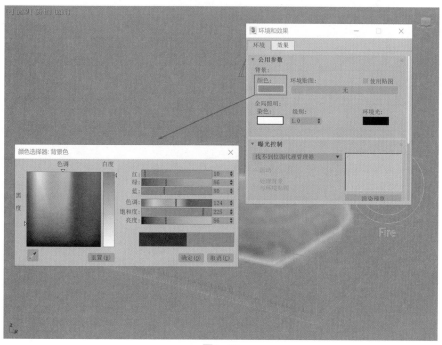

图3-25

3.3.2 调整龙卷风的细节

01 从当前的模拟结果看，目前龙卷风的烟雾较浓，可以考虑减少长方体发射器的发射面积。选择长方体模型，在"修改"面板中为其添加"编辑多边形"修改器，如图3-26所示。

图3-26

02 在"多边形"子对象层级，选择长方体所有的面，在"多边形：材质ID"卷展栏中，将"设置ID"的号码更改为1，如图3-27所示。

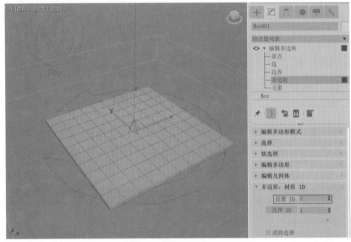

图3-27

03 选择如图3-28所示的面，将"设置ID"的号码更改为2。

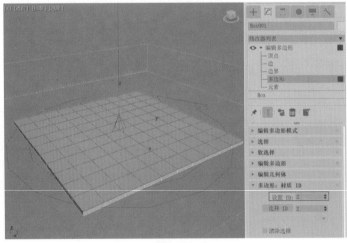

图3-28

04 选择场景中的PHXSource（PHX源），在"修改"面板中设置Polygon ID（多边形ID）的值为2，这样将使得烟雾仅从长方体模型上ID号为2的面上开始发射，如图3-29所示。

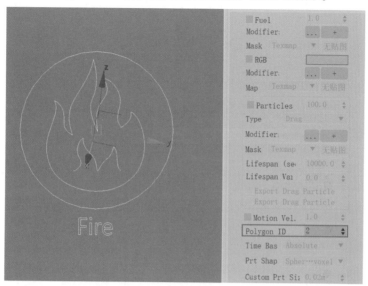

图3-29

05 设置完成后，开始模拟计算烟雾动画，从计算的结果上可以看出现在长方体模型上只有向上的面才能发射出烟雾，如图3-30所示。

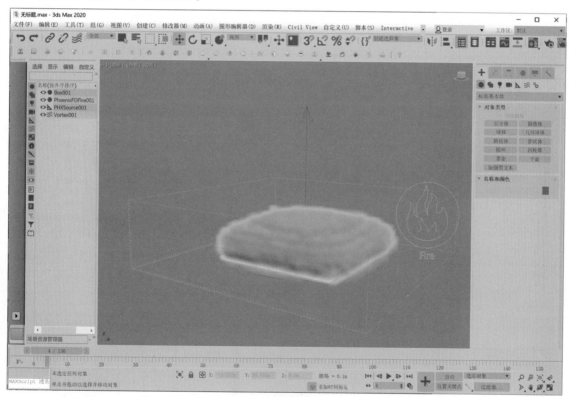

图3-30

06 在场景中选择PHXSource（PHX源），在"修改"面板中单击Mask（遮罩）命令后面的"无贴图"按钮，在弹出的"材质/贴图浏览器"面板中选择"渐变"贴图，如图3-31所示。

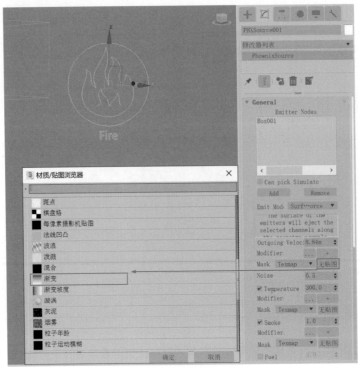

图3-31

07 按下快捷键M键，打开"材质编辑器"面板，将刚刚设置好的"渐变"贴图以拖曳的方式与"材质编辑器"面板中的空白材质球进行"实例"关联，如图3-32所示。

图3-32

08 在"材质编辑器"面板中，设置"渐变"贴图的"渐变类型"为"径向"选项，如图3-33所示。

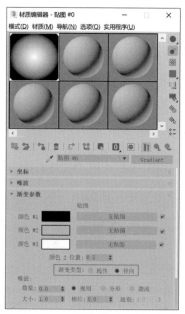

图3-33

09 设置完成后，开始模拟计算烟雾动画，从模拟结果上可以看到现在模拟出来的龙卷风将仅从长方体里ID号为2的面开始发射，并且发射的烟雾量由中心向四周减少，最后的形态看起来变瘦了许多，如图3-34所示。

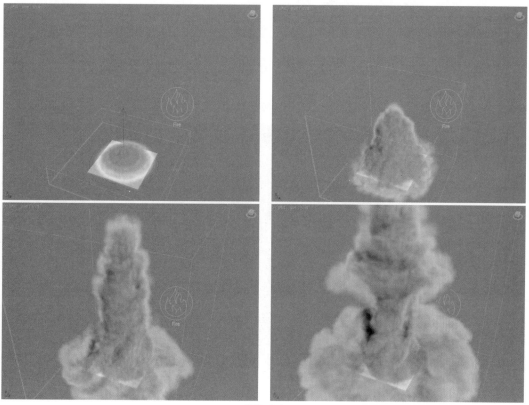

图3-34

10 选择火烟雾模拟器，展开Grid（栅格）卷展栏，设置Container Walls（容器壁）组中Z的选项为Jammed（-），设置Extra Margin的值为10，勾选Maximum Expansion（最大膨胀）复选框，并设置X、Y和Z的值分别如图3-35所示。

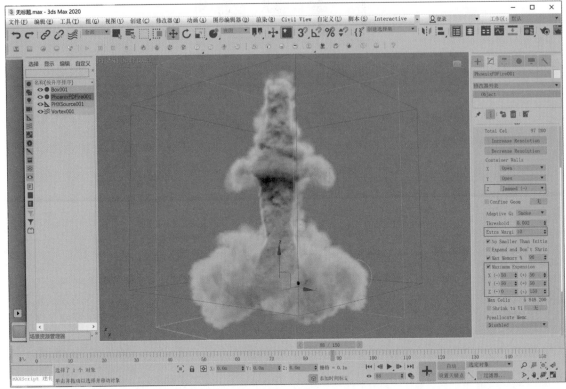

图3-35

11 展开Dynamics（动力学）卷展栏，设置Smoke Dissipated（烟雾消散）的值为0.1，使得烟雾的消散速度加快，如图3-36所示。

12 设置完成后，开始模拟烟雾动画，生成的龙卷风效果如图3-37所示。

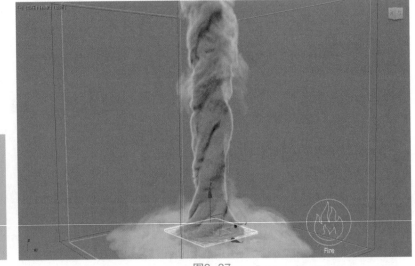

图3-36　　　　　　　　图3-37

3.3.3 制作龙卷风移动动画

01 按下快捷键N键，打开自动记录关键帧功能。选择场景中的漩涡力，在第50帧时，设置其位置为（X：1.0m，Y：0.0m，Z：0.0m），如图3-38所示。

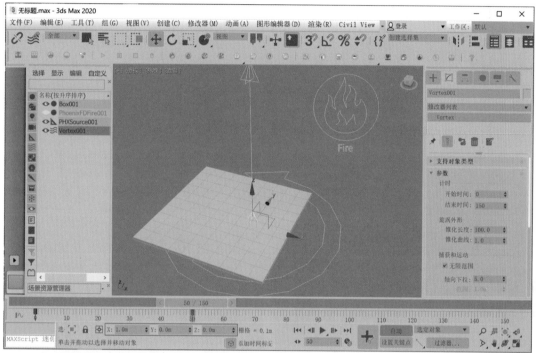

图3-38

02 在第100帧时，设置其位置为（X：0.0m，Y：1.0m，Z：0.0m），如图3-39所示。

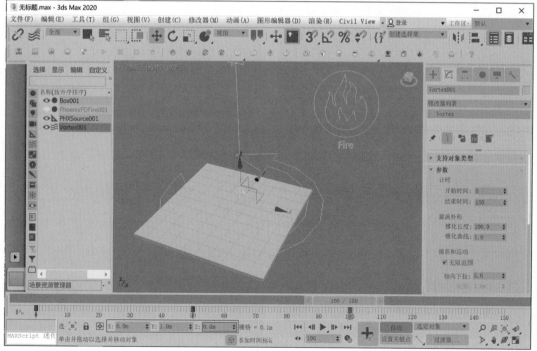

图3-39

03 在第150帧时，设置其位置为（X：0.0m，Y：0.0m，Z：0.0m），如图3-40所示。

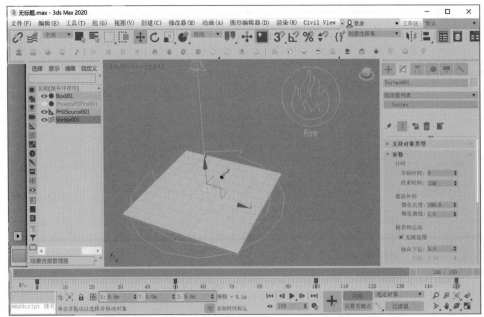

图3-40

04 设置完成后，开始模拟龙卷风动画的计算，计算效果如图3-41所示。

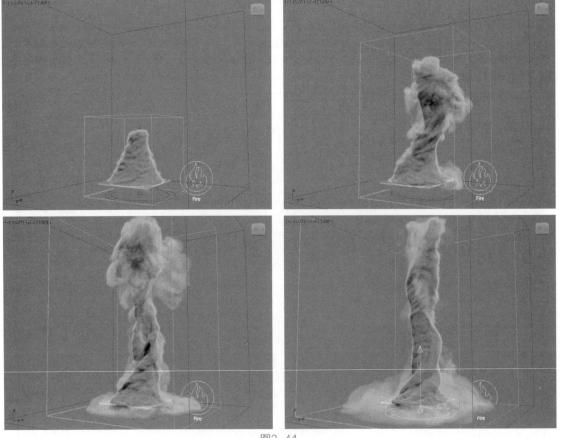

图3-41

05 展开Grid（栅格）卷展栏，设置Cell Sim的值为0.07m，设置X的值为86，Y的值为86，Z的值为19，提高火烟雾模拟器的模拟精度，如图3-42所示。

06 选择漩涡力，展开"参数"卷展栏，设置"轴向下拉"的值为6，"轨道速度"的值为6，如图3-43所示。

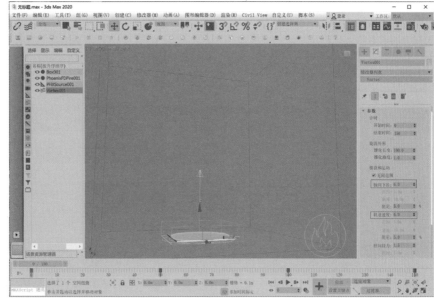

图3-42　　　　　　　　　　　　　　　　　图3-43

07 设置完成后，再次开始计算龙卷风的动画效果，本实例的最终动画效果如图3-44所示。

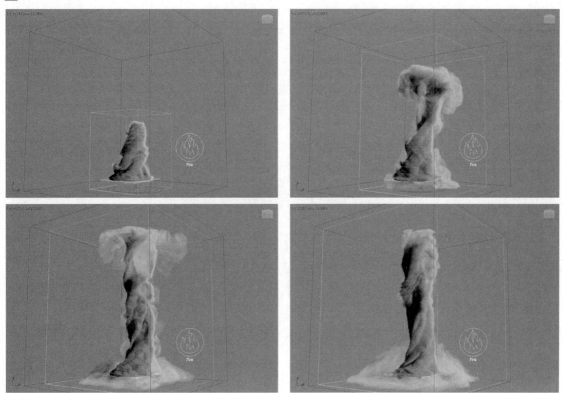

图3-44

3.4 渲染设置

3.4.1 设置灯光和摄影机

01 在创建面板中,将"灯光"的下拉列表切换至VRay,如图3-45所示。

图3-45

02 单击VRaySun按钮,在"前"视图中创建一个VRaySun灯光,如图3-46所示。创建时,系统会自动弹出V-Ray Sun对话框,询问用户是否需要添加一个VRaySky environment map(VRay天空环境贴图),如图3-47所示。单击"是"按钮,即可完成VRaySun灯光和VRaySky environment map(VRay天空环境贴图)的创建。

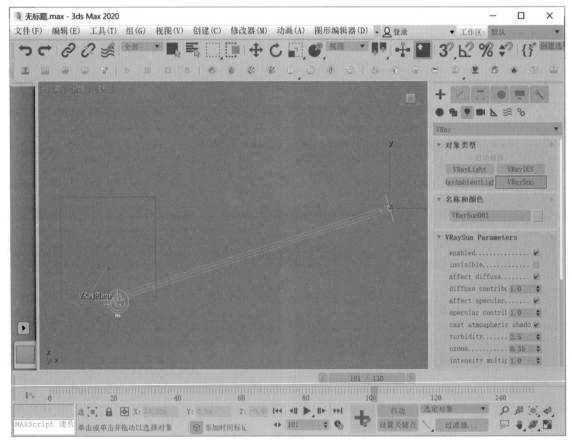

图3-46

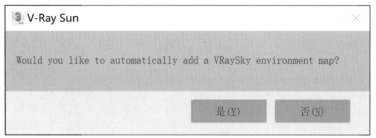

图3-47

03 在"修改"面板中,设置sky model(天空模式)为Preetham et al选项,如图3-48所示。

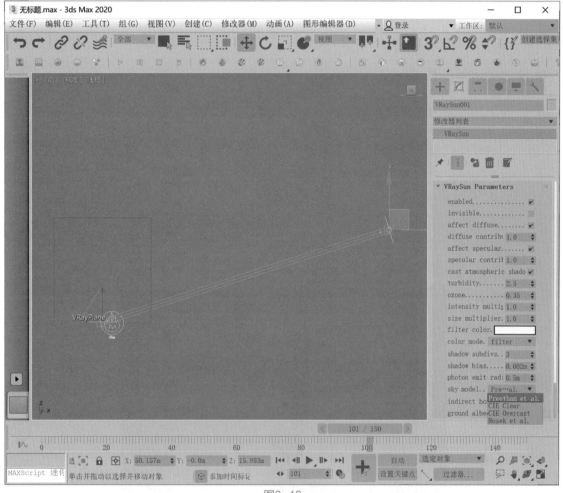

图3-48

04 在"创建"面板中,单击VRayPhysicalCamera按钮,在"顶"视图中创建一个VRay物理摄影机,如图3-49所示。

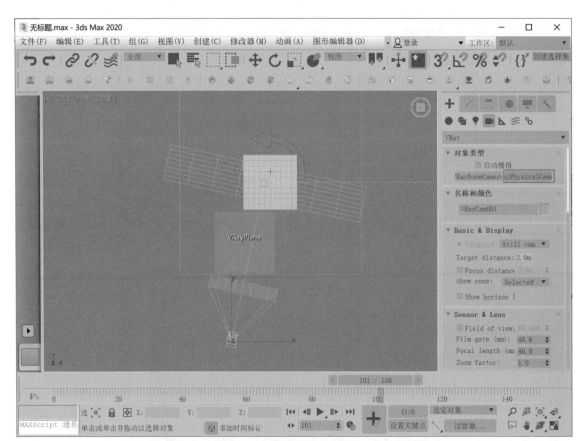

图3-49

05 按下快捷键C键,在"摄影机"视图中调整摄影机的拍摄角度至如图3-50所示。

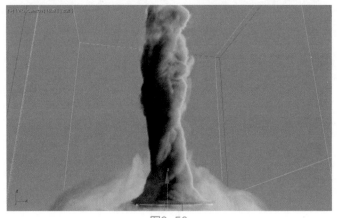

图3-50

3.4.2 渲染输出

01 打开"渲染设置"面板,可以看到本场景预先设置了使用VRay渲染器来进行渲染。在"公用"选项卡中,设置"时间输出"的选项为"活动时间段",并设置"输出大小"的"宽度"值为1280,"高度"值为720,如图3-51所示。

02 在V-Ray选项卡中，展开Progressive image sampler（图像采样）卷展栏，设置Render time（渲染时间）的值为5.0，如图3-52所示。

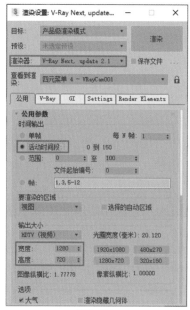

图3-51　　　　　　　　　　　　　　　　　　　图3-52

03 选择场景中的火烟雾模拟器，在"修改"面板中，展开Rendering（渲染）卷展栏，单击Render Presets（渲染预设）按钮，在弹出的下拉菜单中执行Large Smoke命令，如图3-53所示。

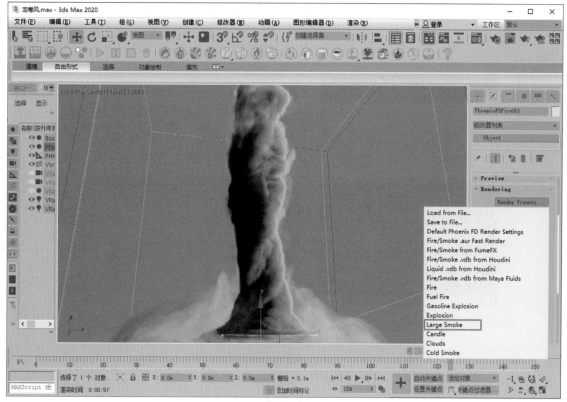

图3-53

04 设置完成后，渲染场景，渲染结果如图3-54所示。

图3-54

05 从渲染结果上来看，渲染出来的龙卷风效果较暗，不太理想。接下来，选择火烟雾模拟器，在"修改"面板中单击Volumetric Options按钮，打开Phoenix FD：Volumetric Render Settings面板，如图3-55所示。

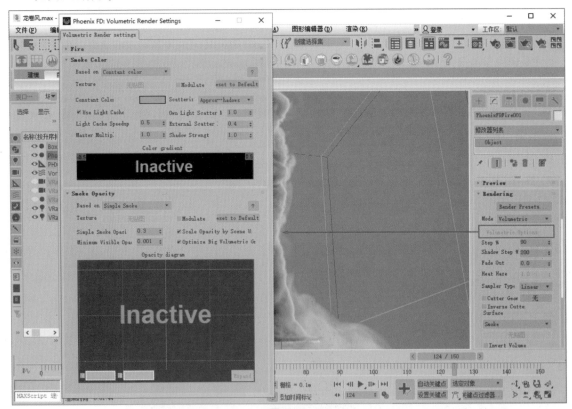

图3-55

06 在Smoke Color（烟雾颜色）卷展栏中，设置Constant Color的颜色为浅灰色（红：160，绿：160，蓝：160），设置External Scatter的值为0.9，如图3-56所示。

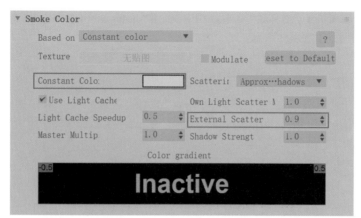

图3-56

07 在Smoke Opacity（烟雾不透明）卷展栏中，设置Simple Smoke Opacity的值为0.5，如图3-57所示。

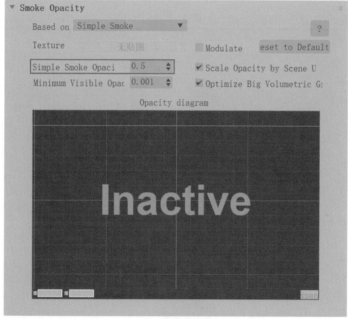

图3-57

08 设置完成后，渲染场景，渲染结果如图3-58所示。

图3-58

09 接下来，在Smoke Color（烟雾颜色）卷展栏中，设置Master Multiple的值为1.5，这样可以稍微提高一点龙卷风的亮度，如图3-59所示。

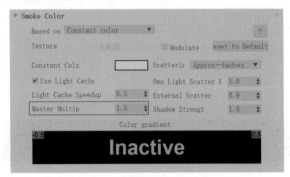

图3-59

10 设置完成后，渲染场景，本实例的最终渲染结果如图3-60所示。

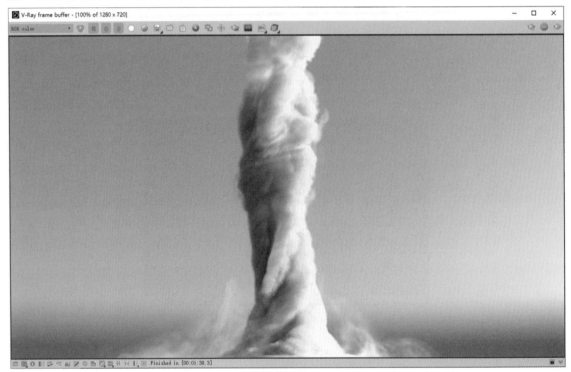

图3-60

4.1 效果展示

本章节为读者讲解如何使用3ds Max制作牛奶倒入杯中这一液体填充动画，最终的渲染动画序列效果如图4-1所示。另外，需要注意的是该实例使用中文版3ds Max 2020软件进行制作，动画输出使用Arnold渲染器进行渲染，整个制作过程无须其他插件辅助。

图4-1

4.2 动画场景分析

01 打开本书配套场景资源文件，可以看到该场景为一个已经设置好材质、灯光、摄影机及渲染参数的室内场景，里面包含有一套餐桌、一只略微倾斜的玻璃杯和一个玻璃杯简模模型，如图4-2所示。

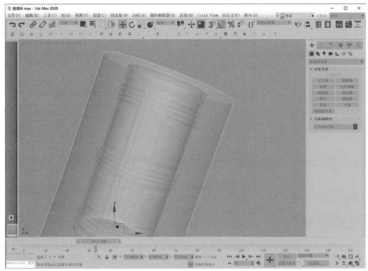

图4-2

02 在本实例中，由于杯子模型的面数较多且表面具有一定细节的纹理，使用这样的模型直接进行液体碰撞计算较易产生液体穿透模型这一情况，所以我使用"创建"面板中的"圆柱体"按钮制作了一个布线相对较少且比较厚的几何形体来当作杯子模型的简化版，使用这样一个简单模型来参与液体计算可以大大减少液体计算出错的概率。同时，为了不渲染出该模型以及让我们可以观看到内部的液体计算情况，我还对这个杯子简模取消了其"可渲染"属性和勾选了"透明"属性，如图4-3所示。

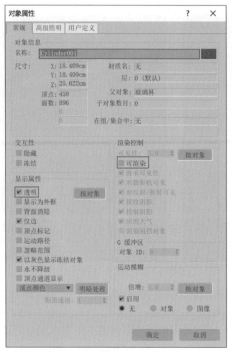

图4-3

03 接下来，检查场景单位设置情况。执行菜单栏"自定义/单位设置"命令，打开"单位设置"对话框，设置"显示单位比例"的选项为"公制"，单位为"厘米"，如图4-4所示。单击"系统单位设置"按钮，在弹出的"系统单位设置"对话框中，设置1单位=1.0毫米，如图4-5所示。

图4-4

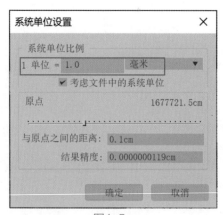

图4-5

04 在"创建"面板中单击"卷尺"按钮，在"前"视图中测量一下场景中杯子模型的高度，可以看到杯子的高度约为21.76cm，这与真实世界中大号玻璃杯子的大小较为接近，如图4-6所示。

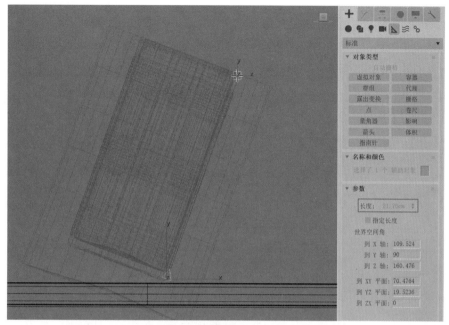

图4-6

05 此外，在进行液体模拟前，读者最好还需要找一些相关素材进行观察，充分了解自己所要模拟的液体动画效果。如图4-7所示为我所拍摄的牛奶照片，读者可以观察一下真实世界中牛奶的表面光泽及与其他物体所产生的液体碰撞效果。

图4-7

4.3 制作牛奶倾倒动画

4.3.1 设置液体发射

01 将"创建"面板中"几何体"的下拉列表设置为"流体"，如图4-8所示。

02 单击"液体"按钮，在"前"视图中杯子模型的斜上方位置处创建一个"液体"图标，如图4-9所示。

图4-8

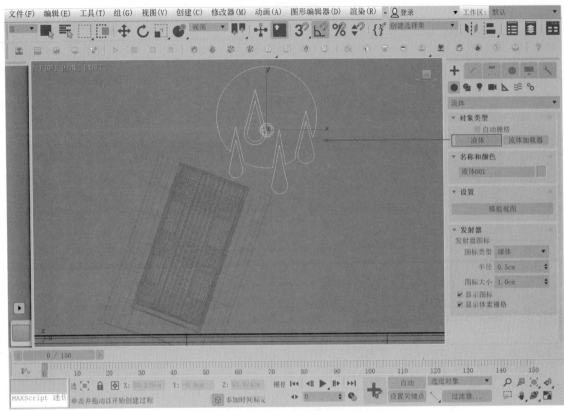

图4-9

03 按下快捷键T键，在"顶"视图中，调整"液体"图标的位置至如图4-10所示。

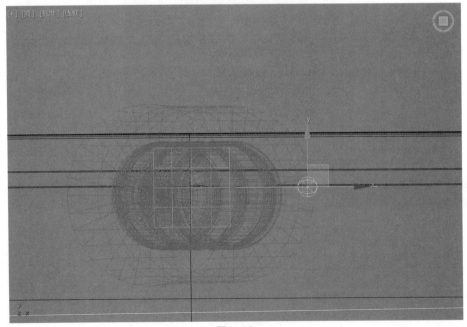

图4-10

04 在"修改"面板中，单击"设置"卷展栏中的"模拟视图"按钮，打开"模拟视图"面板，如图4-11所示。

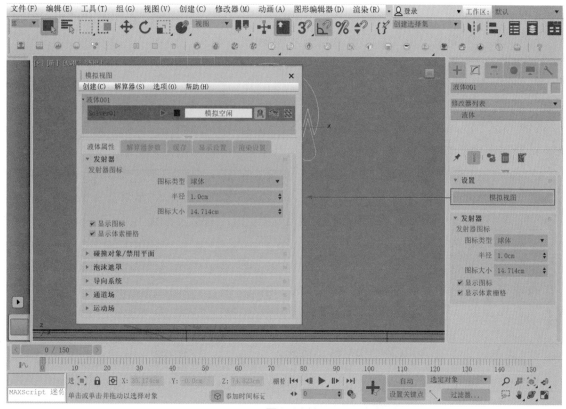

图4-11

05 在"模拟视图"面板中，展开"液体属性"选项卡中的"发射器"卷展栏，设置发射器的"图标类型"为默认的"球体"，设置其"半径"的值为1.0cm，这样，液体将会从一个半径为1厘米的球体图标开始发射出来，如图4-12所示。

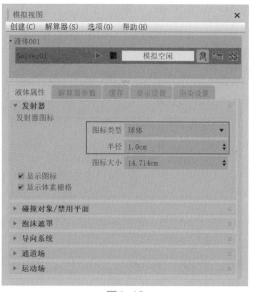

图4-12

06 展开"碰撞对象/禁用平面"卷展栏，设置场景中名称为Cylinder001的杯子筒模为与液体发生碰撞交互的对象，如图4-13所示。

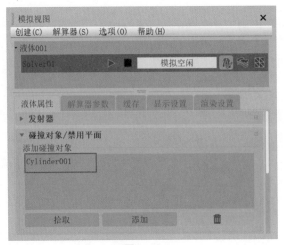

图4-13

07 在"解算器参数"选项卡中,展开"常规参数"卷展栏,设置"主体素大小"的值为2.0,如图4-14所示。

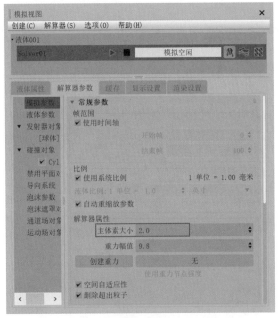

图4-14

08 设置完成后,单击"开始解算"按钮,对液体进行动画解算,如图4-15所示。解算出的动画效果如图4-16所示,我们可以看到从"液体"图标上生成的呈蓝色粒子状态显示的液体与下方杯子简模所产生的碰撞动画。

图4-15

图4-16

4.3.2　设置液体动画

01 将"创建"面板切换至创建"辅助对象"，单击"箭头"按钮，在场景中创建一个箭头，如图4-17
所示。

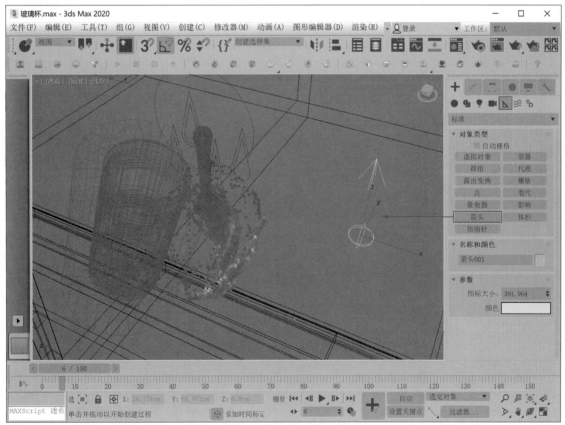

图4-17

02 选择箭头，旋转并调整其位置至如图4-18所示。

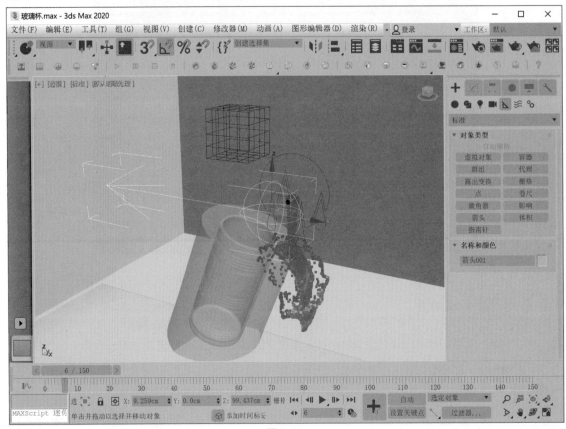

图4-18

03 在"模拟视图"面板中，展开"发射器转化参数"卷展栏，勾选"启用其他速度"复选框，单击"创建辅助对象"按钮后面的"无"按钮，将场景中的箭头拾取进来，并设置"倍增"的值为0.9，如图4-19所示。

图4-19

04 设置完成后，单击"开始解算"按钮，对液体进行动画计算，计算结果如图4-20所示。我们看到现在液体从"液体"图标的位置开始发射，并受到箭头方向的影响在空中划过一道弧线流入场景下的杯子模型中。

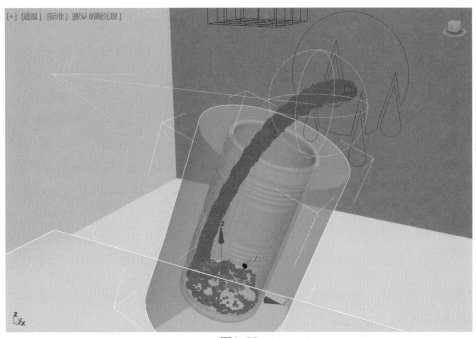

图4-20

05 由于本实例所要模拟的是牛奶倾倒进杯子的特效动画，所以在"液体参数"卷展栏中，我们可以使用软件给我们提供的"牛奶"预设参数来进行模拟，如图4-21所示。

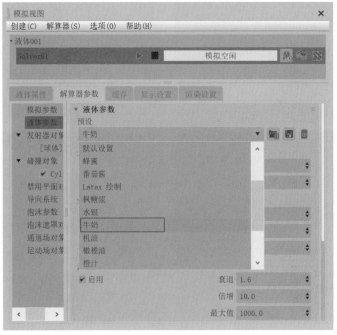

图4-21

06 在"粘度"组中，设置液体的"粘度"值为0.2，如图4-22所示。

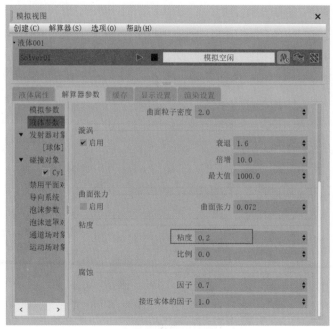

图4-22

07 设置完成后，再次单击"开始解算"按钮，对液体进行动画计算，模拟出来的倒牛奶特效动画计算结果如图4-23所示。

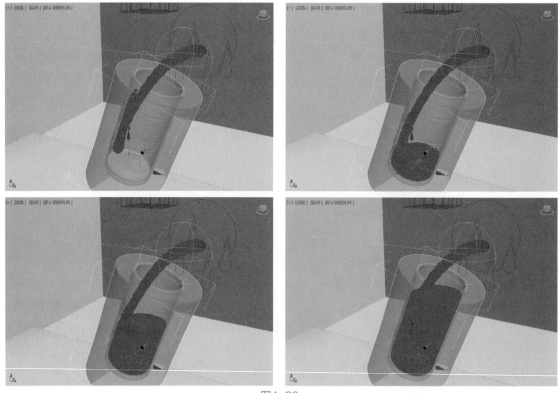

图4-23

08 当我们将"时间滑块"按钮拖动至场景中的第150帧时，发现液体已经填充满了整个杯子并且产生了溢出动画效果，如图4-24所示。

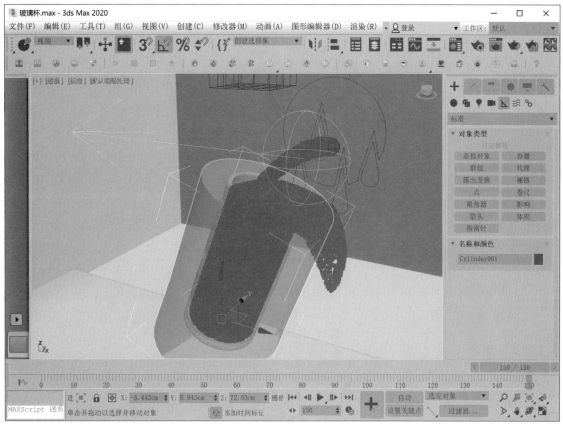

图4-24

09 这时，需要我们给"液体"图标设置一个动画，当牛奶液体即将倒满杯子时停止发射液体。按下快捷键N键，打开自动记录关键帧功能，将"时间滑块"拖动至第124帧，取消勾选"启用液体发射"复选框，如图4-25所示。

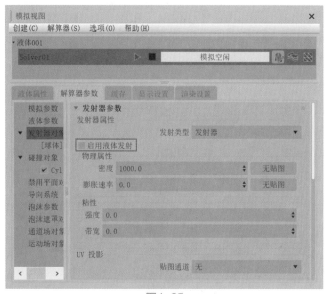

图4-25

10 设置完成后，再次进行液体动画解算，最终解算出来的动画效果如图4-26所示。

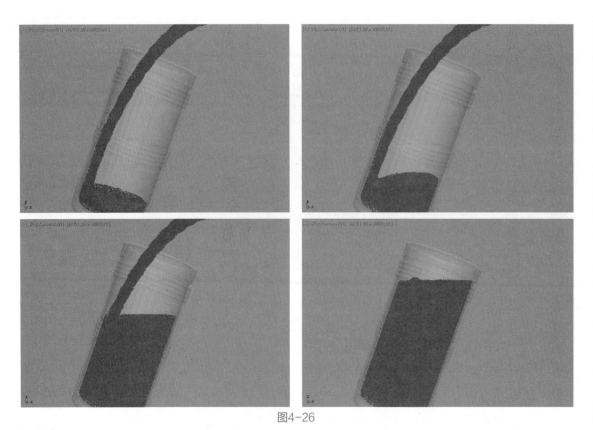

图4-26

11 在"显示设置"卷展栏中,设置液体的"显示类型"为"Bifrost动态网格",如图4-27所示。这样我们可以在"视图"中以实体显示的方式观察液体模拟出来的网格形态,如图4-28所示。

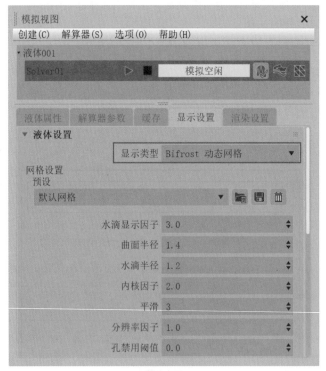

图4-27

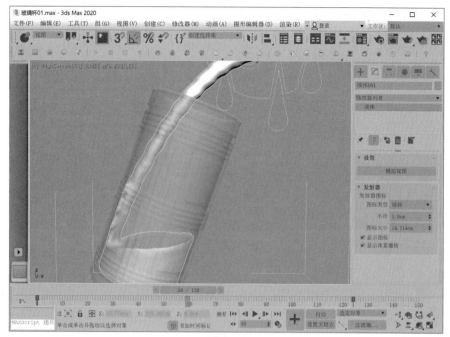

图4-28

技术专题：为液体设置初始发射方向

　　3ds Max 2020允许用户为液体设置初始发射方向及速度，如果用户没有启动该功能的话，则液体将产生受重力影响的自由落体运动，也就是垂直流动下来。在本章中为大家所讲解的方法是在"创建"面板中单击"箭头"按钮，在场景中创建一个箭头对象，然后将这个箭头添加至液体的动画解算当中。除此之外，我们还可以直接在"模拟视图"面板中单击"创建辅助对象"按钮，如图4-29所示。系统就会在"液体"图标的位置处自动生成一个箭头图标，并将其作为液体的影响对象，如图4-30所示。同时，"创建辅助对象"按钮后面的"无"按钮会自动更改按钮的文本显示，如图4-31所示。这样，我们就可以直接旋转箭头来控制液体的初始发射方向了。

图4-29

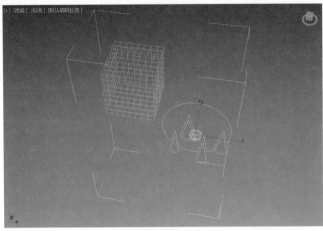

图4-30

图4-31

4.4 渲染设置

01 打开"渲染设置"面板，可以看到本场景预先设置了使用Arnold渲染器进行渲染。在"公用"选项卡中，设置"时间输出"的选项为"活动时间段"，设置"输出大小"的"宽度"值为1280，"高度"值为720，如图4-32所示。

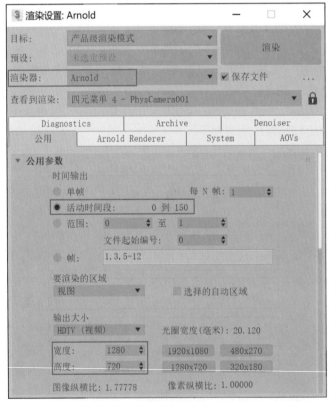

图4-32

02 在Arnold Renderer选项卡中，设置Camera（AA）的值为6，如图4-33所示。

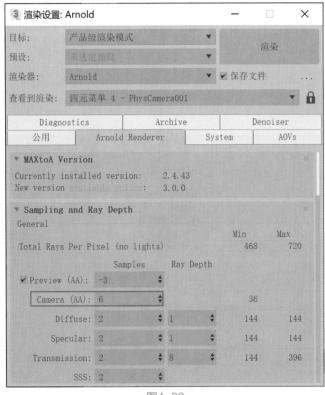

图4-33

03 设置完成后，再次渲染场景，本实例的最终渲染结果如图4-34所示。

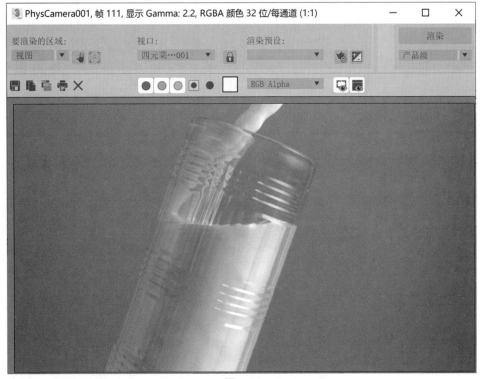

图4-34

5.1　效果展示

　　本章节为读者讲解如何制作杯子破碎后，里面的液体随之四处飞溅的特效动画，最终的渲染动画序列效果如图5-1所示。另外，需要注意的是该实例使用中文版3ds Max 2020软件进行制作，动画输出使用Arnold渲染器进行渲染，无需使用插件辅助制作。

图5-1

5.2　动画场景分析

01　打开本书配套场景资源文件，可以看到该场景已经设置好材质、摄影机及渲染参数，里面包含有一个杯子的模型，如图5-2所示。

图5-2

02 在制作动画之前，首先我们先检查一下场景的单位设置。执行菜单栏"自定义/单位设置"命令，打开"单位设置"对话框，设置"显示单位比例"的选项为"公制"，单位为"厘米"，如图5-3所示。单击"系统单位设置"按钮，在弹出的"系统单位设置"对话框中，设置1单位=1.0毫米，如图5-4所示。

图5-3

图5-4

03 在"创建"面板中单击"卷尺"按钮，在"前"视图中测量一下场景中杯子模型的高度，可以看到杯子的实际高度与现实中的杯子尺寸较为吻合，如图5-5所示。

图5-5

04 检查完场景模型的尺寸后，接下来就可以进行动画制作了。

5.3 制作杯子破碎动画

5.3.1 制作杯子破碎效果

01 在"创建"面板中单击"球体"按钮,在"顶"视图中创建一个球体,如图5-6所示。

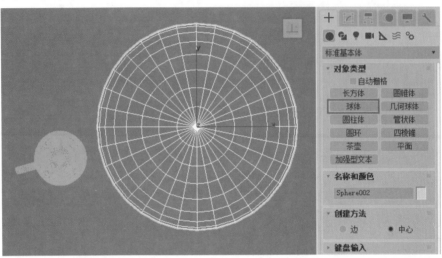

图5-6

02 选择球体,右击并在弹出的快捷菜单中执行"转换为可编辑多边形"命令,如图5-7所示。

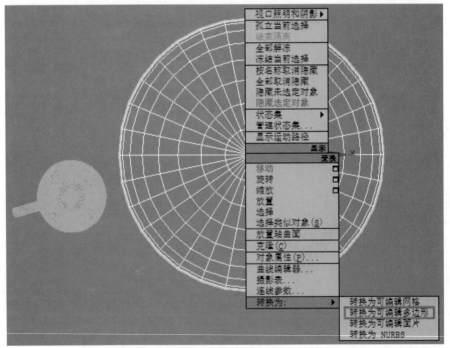

图5-7

03 在"修改"面板中,进入"多边形"子对象层级,选择如图5-8所示的面,对其进行删除操作,得到的结果如图5-9所示。

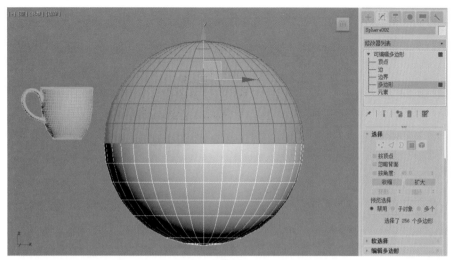

图5-8

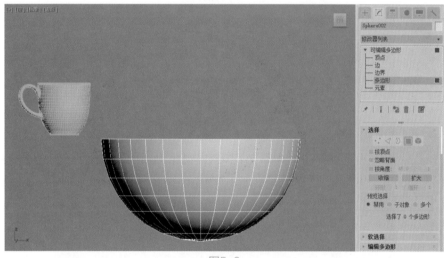

图5-9

04 在"元素"子对象层级，选择剩下的半个球体模型，如图5-10所示。按下快捷键E键，将鼠标的操作状态切换至"旋转"命令，并按住Shift键，对其进行"复制"操作，如图5-11所示。

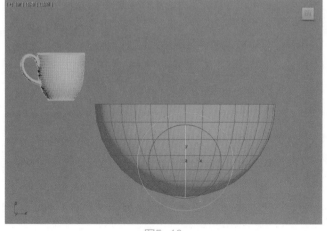

图5-10

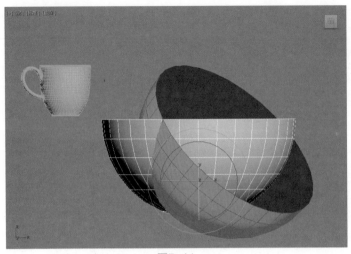

图5-11

05 重复以上操作步骤，最终得到如图5-12所示的模型结果。

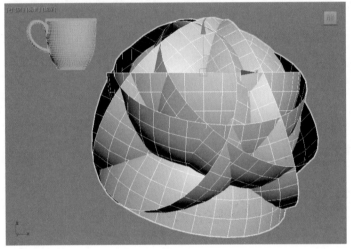

图5-12

06 调整球体模型的位置至如图5-13所示，使得我们修改后的球体模型与场景中的杯子模型相交重合。

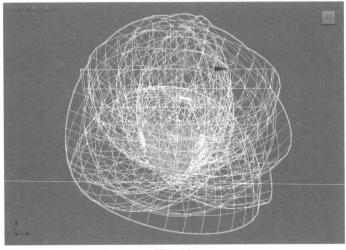

图5-13

07 暂时在"场景资源管理器"面板中隐藏刚刚做好的球体模型后，选择场景中的杯子模型，右击并在弹出的快捷菜单中执行"克隆"命令，在场景中原地复制出一个杯子模型，用于将来制作杯子里的饮料模型，如图5-14所示。

图5-14

08 复制好杯子模型后，暂时在"场景资源管理器"面板中将其隐藏起来，然后显示之前做好的球体模型，在"创建"面板中，将"几何体"的下拉列表切换至"复合对象"，单击ProCutter按钮，准备如图5-15所示。

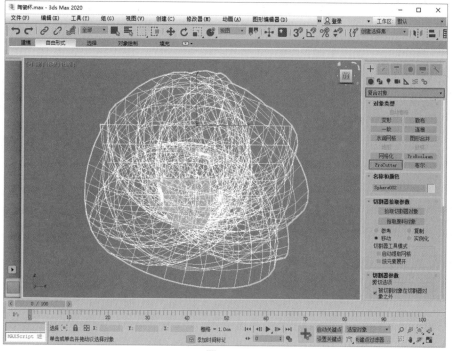

图5-15

09 在"修改"面板中，展开"切割器拾取参数"卷展栏，勾选"自动提取网格"复选框和"按元素展开"复选框，如图5-16所示。

10 展开"切割器参数"卷展栏，勾选"被切割对象在切割器对象之内"复选框，如图5-17所示。

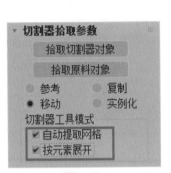

图5-16   图5-17

11 设置完成后，单击"切割器拾取参数"卷展栏中的"拾取原料对象"按钮，拾取场景中的杯子模型，即可将杯子模型切割成大小不一的破碎效果，如图5-18所示。

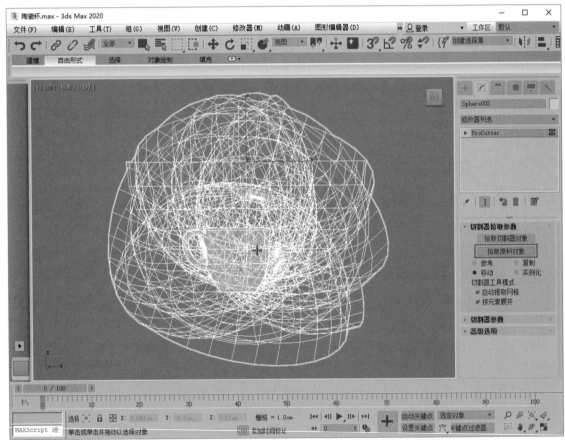

图5-18

12 切割计算完成后，即可删除掉场景中的球体模型，可以看到最终杯子模型的破碎效果，如图5-19所示。

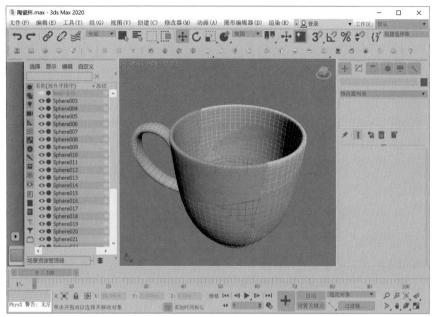

图5-19

 由于我们所要制作的模型破碎是一个比较随机、自然的效果，所以读者在尝试本小节的技术操作时，使用ProCutter按钮所制作出来的杯子模型碎片的数量及模型破碎的位置无须跟本小节所显示的结果一样。

5.3.2 使用MassFX动力学系统制作杯子破碎动画

01 单击"创建"面板中的"球体"按钮，在"顶"视图中创建一个球体模型，如图5-20所示。

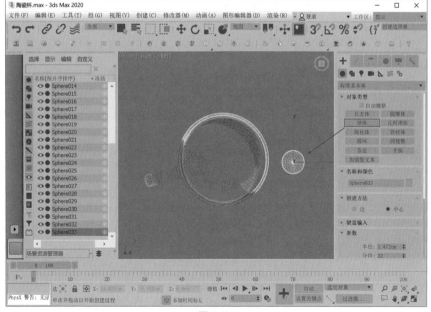

图5-20

02 在"修改"面板中，调整球体的"半径"值为1.5cm，如图5-21所示。

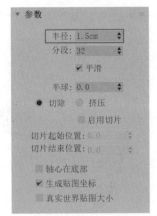

图5-21

03 将"新建关键点的默认入/出切线"设置为"线性"，如图5-22所示。

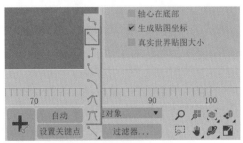

图5-22

04 在第0帧的位置上，将小球的位置调整到如图5-23所示位置处。

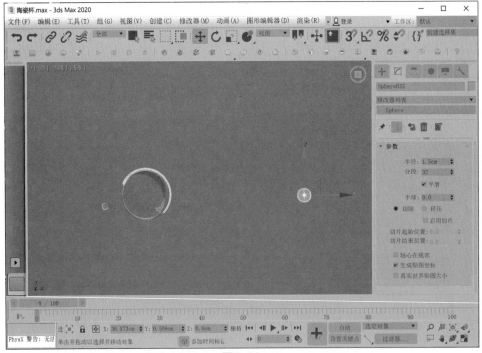

图5-23

05 按下快捷键N键，打开自动记录关键帧功能。拖动"时间滑块"按钮至第3帧，将小球的位置调整到如图5-24所示位置处，制作出小球匀速运动的动画。

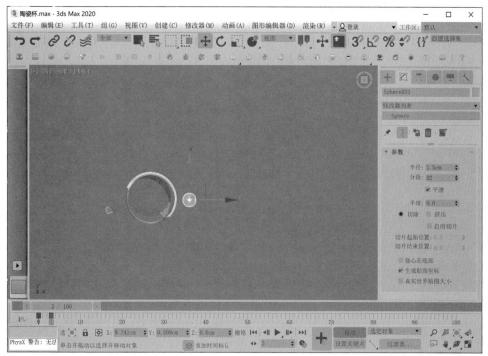

图5-24

06 设置完成后，再次按下快捷键N键，关闭自动记录关键帧功能。在"前"视图中调整小球的位置至如图5-25所示。

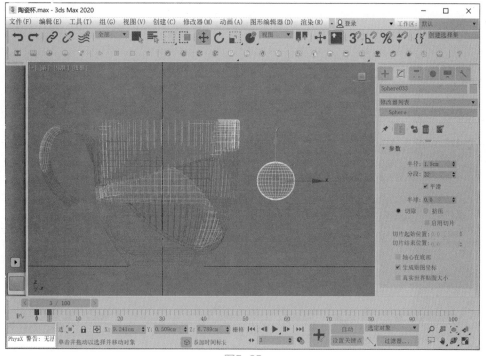

图5-25

07 将鼠标移动至"主工具栏"上，右击并在弹出的快捷菜单中执行"MassFX工具栏"命令，打开"MassFX工具栏"，如图5-26所示。

图5-26

08 由于我们要将设置小球的动画效果参与到动力学计算当中，所以选择场景中的小球，在"MassFX工具栏"中单击第二个按钮，在弹出的下拉菜单中执行"将选定项设置为运动学刚体"命令，如图5-27所示。

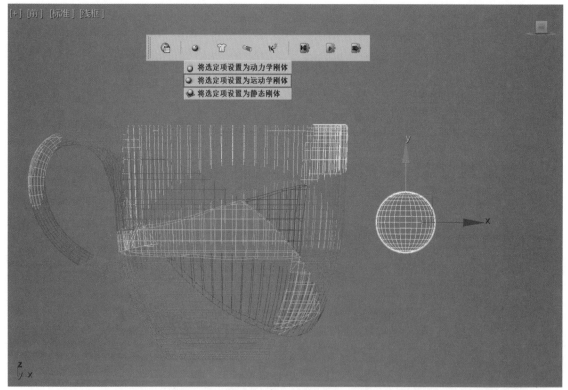

图5-27

09 单击"MassFX工具栏"中的第一个按钮，打开"FassFX工具"面板，如图5-28所示。

10 在"多对象编辑器"选项卡中，勾选"刚体属性"卷展栏中的"直到帧"复选框，并设置帧的数值为3。在"物理材质属性"卷展栏中，设置小球的"质量"为0.6，如图5-29所示。

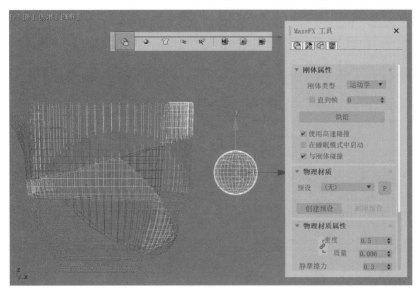

图5-28　　　　　　　　　　　　　　　　　图5-29

11 在场景中选择杯子的所有碎片模型，在"MassFX工具栏"中单击第二个按钮，在弹出的下拉菜单中执行"将选定项设置为动力学刚体"命令，如图5-30所示。

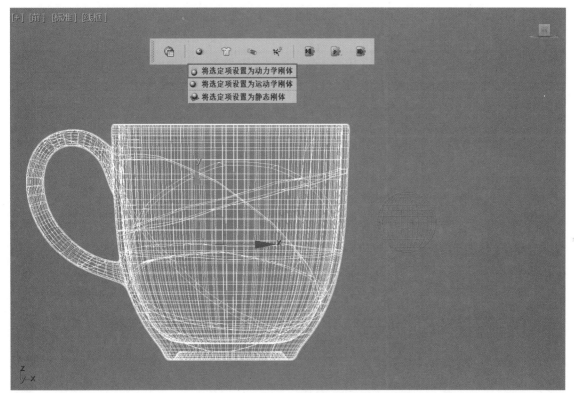

图5-30

12 在本实例中，我希望杯子碎片模型在小球还没有撞击上之前保持初始位置，所以在打开"FassFX工具"面板后，需要在"多对象编辑器"选项卡中勾选"在睡眠模式中启动"复选框，如图5-31所示。

13 在"世界参数"选项卡中，设置"刚体"组中的"子步数"的值为10，设置"解算器迭代数"的值为40，提高动力学的解算精度，如图5-32所示。

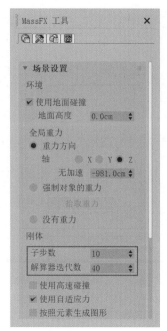

图5-31   图5-32

14 设置完成后，选择场景中的所有杯子碎片模型和小球模型，单击"多对象编辑器"选项卡内的"烘焙"按钮，计算动力学动画，如图5-33所示。

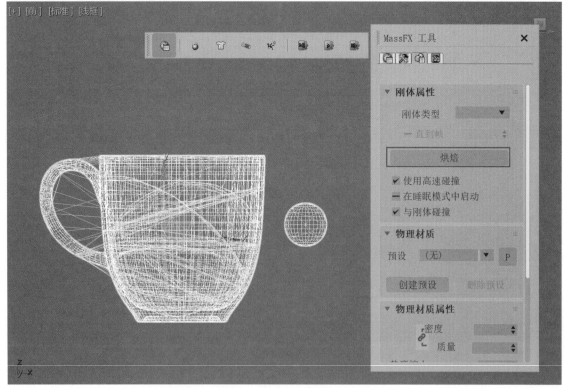

图5-33

15 动力学动画计算完成后，拖动"时间滑块"按钮，本实例计算出来的杯子被小球击碎所产生的动画效果如图5-34所示。

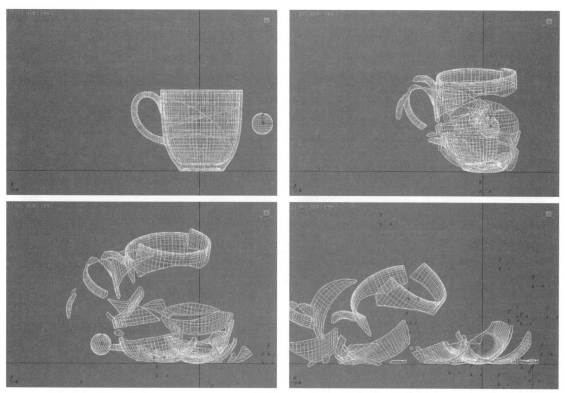

图5-34

技术专题：设置动力学动画需要注意的问题

本实例中所要模拟的动力学动画是小球在空中与杯子相撞，并将杯子撞击成碎片。在制作时，主要有两个问题需要读者注意：一是我们在制作这个动画时首先需要考虑设置场景中对象的质量及速度，如果小球的质量太轻或者速度不够，那么可能这个冲击的效果就不那么明显，甚至可能计算出小球将杯子撞碎又反弹回来的动画效果；二是在进行动力学计算时，我们需要将计算的精度设置得比较高，如果计算得精度太低，那么可能会出现错误的计算结果。

如图5-35所示为默认状态下，"子步数"值为0，"解算器迭代数"值为4时所计算出来的第66帧的碰撞动画模拟结果，从该结果可以看出，有相当多的杯子碎片都已经处于水平线以下了，并且我们在拖动"时间滑块"观察场景动画时，还会看到杯子碎片会不断产生剧烈的抖动效果。

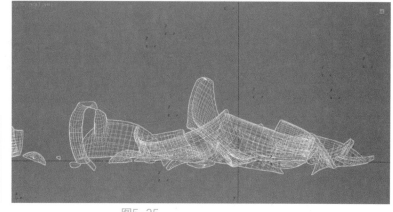

图5-35

如图5-36所示为将"子步数"值设置为10, "解算器迭代数"值设置为40时所计算出来的第66帧的碰撞动画模拟结果，从该结果可以看出，杯子碎片基本上都处于水平线以上，并且我们在拖动"时间滑块"观察场景动画时，还会看到杯子碎片基本无明显的抖动效果。

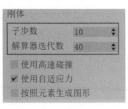

图5-36

5.4 制作液体飞溅动画

01 现在开始制作杯子里面的液体模型，首先为了观察方便，先将场景中的杯子碎片模型隐藏起来，然后将之前隐藏起来的完整杯子模型从"场景资源管理器"中选中，右击并在弹出的快捷菜单中执行"克隆"命令，将其重命名为"液体"，并设置为显示状态，如图5-37所示。

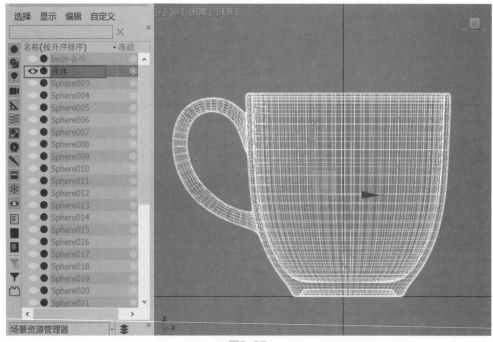

图5-37

02 在"修改"面板中，进入"多边形"子对象层级，选择如图5-38所示的面，对其进行"删除"操作，得到的模型结果如图5-39所示。

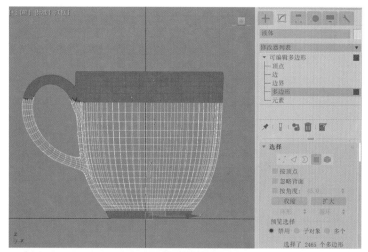

图5-38

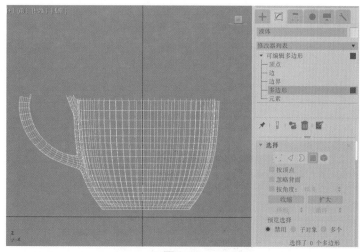

图5-39

03 在"元素"子对象层级中，选择如图5-40所示的面，对其进行"删除"操作，得到的模型结果如图5-41所示。

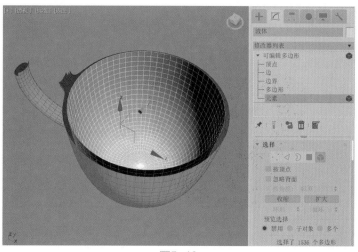

图5-40

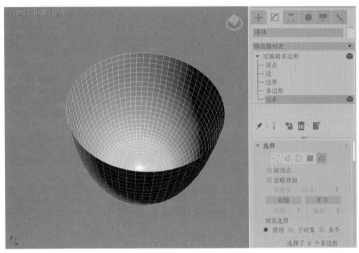

图5-41

04 在"边界"子对象层级中，选择如图5-42所示的边线，在"编辑边界"卷展栏中单击"封口"按钮，即可得到如图5-43所示的模型结果。

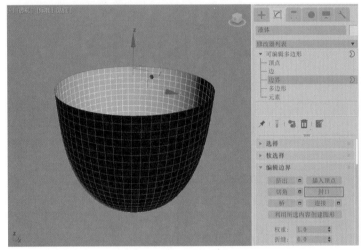

图5-42

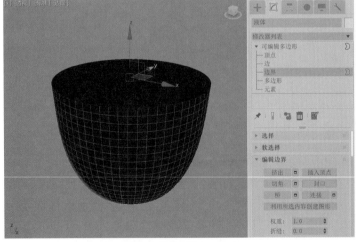

图5-43

05 为液体模型添加"法线"修改器，翻转模型的法线，这样液体的模型就制作完成了，如图5-44所示。

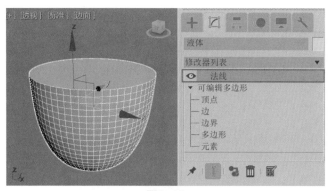

图5-44

06 在"创建"面板中，单击"液体"按钮，在"前"视图中创建一个"液体"图标，如图5-45所示。

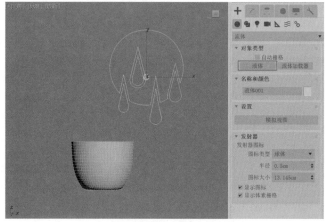

图5-45

07 在"修改"面板中，展开"设置"卷展栏，单击"模拟视图"按钮，打开"模拟视图"面板，如图5-46所示。

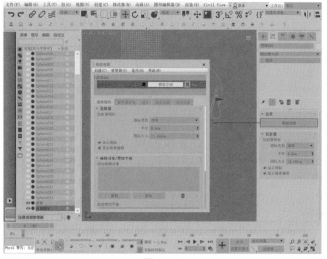

图5-46

08 在"模拟视图"面板中，展开"发射器"卷展栏，设置液体发射器的"图标类型"为"自定义"，并将场景中名称为"液体"的模型添加至"添加自定义发射器对象"下方的列表中，如图5-47所示。

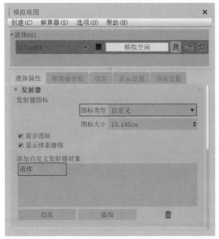

图5-47

09 在"创建"面板中，单击"长方体"按钮，在"顶"视图中创建一个长方体模型，如图5-48所示。

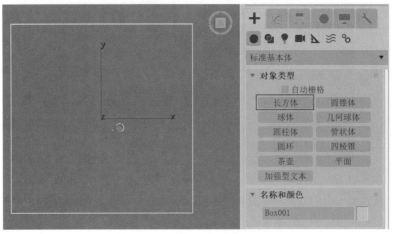

图5-48

10 在"修改"面板中，设置长方体模型的"长度"值为250.0cm、"宽度"值为250.0cm、"高度"值为-10.0cm，如图5-49所示。

图5-49

11 展开"碰撞对象/禁用平面"卷展栏，将所有的杯子碎片模型、小球模型和长方体模型均添加至"添加碰撞对象"下方的列表中，如图5-50所示。

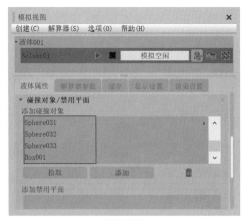

图5-50

12 展开"解算器参数"选项卡中的"常规参数"卷展栏，取消勾选"使用时间轴"复选框，设置"开始帧"的值为3，使得液体解算从场景中的第3帧开始计算。接下来，设置"解算器属性"组中"主体素大小"的值为2.0，如图5-51所示。

图5-51

13 在"液体参数"卷展栏中，设置"预设"的选项为"橙汁"，如图5-52所示。

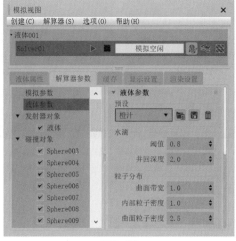

图5-52

14 展开"发射器参数"卷展栏,设置发射器的"发射类型"为"容器",如图5-53所示。

图5-53

15 设置完成后,单击"开始解算"按钮,进行液体动画计算,计算结果如图5-54所示。

图5-54

16 展开"显示设置"选项卡中的"液体设置"卷展栏,将"显示类型"设置为"Bifrost动态网格",这样可以以网格实体的显示方式显示出液体的形状,如图5-55所示。

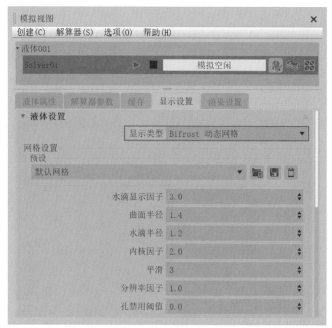

图5-55

17 本实例计算出来的最终液体飞溅动画计算结果如图5-56~图5-59所示。

图5-56

图5-57

图5-58

图5-59

5.5 渲染设置

5.5.1 制作饮料材质

01 打开"材质编辑器"面板，选择一个空白的材质球，将其设置为Standard Surface材质类型，如图5-60所示。

图5-60

02 展开Transmission卷展栏，设置General的值为1.0，设置其颜色控件的颜色为橙色（红：0.878，绿：0.482，蓝：0.059），如图5-61所示。

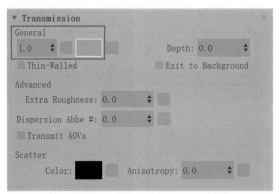

图5-61

03 展开Special Features卷展栏，设置Opacity（Cutout）的颜色为灰色（红：0.878，绿：0.482，蓝：0.059），如图5-62所示。

图5-62

04 设置完成后的橙汁材质如图5-63所示。

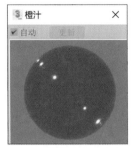

图5-63

5.5.2 设置灯光

01 在"创建"面板中,单击"太阳定位器"按钮,在"透视"视图中创建一个太阳定位器灯光,如图5-64所示。

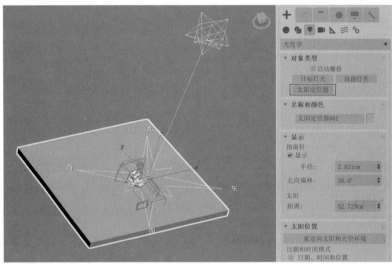

图5-64

02 在"修改"面板中,进入"太阳"子对象层级,在"透视"视图中调整灯光的位置至如图5-65所示。

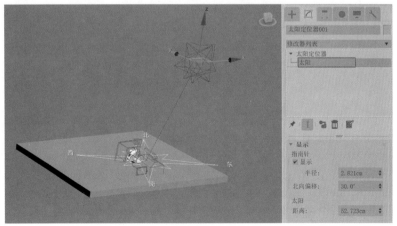

图5-65

03 按下快捷键8键，打开"环境和效果"面板，可以看到"环境贴图"自动设置为了"物理太阳和天空环境"贴图，如图5-66所示。

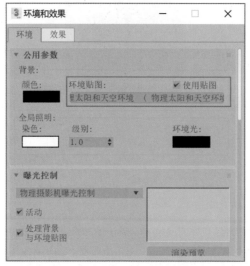

图5-66

04 按下快捷键M键，打开"材质编辑器"面板，将"环境和效果"面板中的"环境贴图"拖曳至"材质编辑器"面板中的空白材质球上，在自动弹出的"实例（副本）贴图"对话框中，将"方法"选择为"实例"，如图5-67所示。

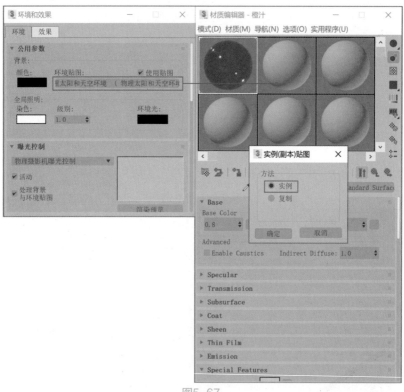

图5-67

05 展开"物理太阳和天空环境"卷展栏，设置"太阳定位器"灯光的"强度"值为1.5，设置"地平线高度"的值为-3.0，如图5-68所示。

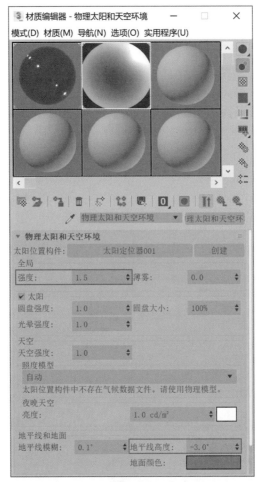

图5-68

06 灯光设置完成后，渲染场景，渲染结果如图5-69所示。

图5-69

5.5.3 渲染输出

01 打开"渲染设置"面板,可以看到本场景预先设置了使用Arnold渲染器进行渲染。在"公用"选项卡中,设置"时间输出"的选项为"活动时间段",设置"输出大小"的"宽度"值为1280,"高度"值为720,如图5-70所示。

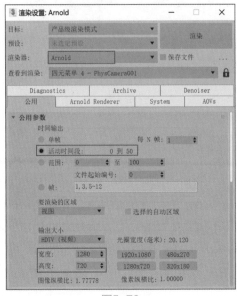

图5-70

02 在Arnold Renderer选项卡中,设置Camera(AA)的值为6,如图5-71所示。

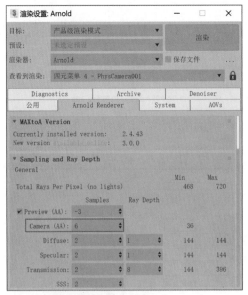

图5-71

03 设置完成后,渲染场景,渲染结果如图5-72所示。

04 在本实例中,由于杯子破碎所发生的液体飞溅动画效果非常短暂,所以应考虑为最终渲染输出添加运动模糊效果会使得动画看起来更加真实。选择场景中的摄影机,在"修改"面板中,展开"物理摄影机"卷展栏,勾选"启用运动模糊"复选框,并设置"持续时间"的值为0.3,降低运动模糊的效果,如图5-73所示。

图5-72　　　　　　　　　　　　　　　图5-73

05 设置完成后，再次渲染场景，本实例的最终渲染结果如图5-74所示。

图5-74

　"物理摄影机"卷展栏内"快门"组中"持续时间"的值设置的越大，渲染出来的运动模糊效果越明显，如图5-75所示为"持续时间"值分别是0.3和0.7的图像渲染结果对比。

图5-75

6.1　效果展示

　　本章节为读者讲解如何制作具有一定粘度的巧克力酱液体流动动画，最终的渲染动画序列效果如图6-1所示。另外，需要注意的是该实例使用中文版3ds Max 2020软件进行制作，动画输出使用Arnold渲染器进行渲染，整个制作过程无须其他插件辅助。

图6-1

6.2　动画场景分析

01　打开本书配套场景资源文件，可以看到该场景为一个已经设置好材质、灯光、摄影机及渲染参数的室内场景，里面包含有一套餐桌、几个餐具和一组水果模型，如图6-2所示。

图6-2

02 使用3ds Max的"液体"按钮来制作液体动画之前，还需要注意的是场景的尺寸应与真实世界中对象的尺寸保持一致或接近，比如我们要模拟一杯水洒在桌子上和一个高5米的浪花拍打在海岸边的岩石所产生的液体飞溅效果是有很大差距的，所以场景的尺寸及单位在进行液体模拟前设置正确则显得尤为重要。

03 执行菜单栏"自定义/单位设置"命令，打开"单位设置"对话框，设置"显示单位比例"的选项为"公制"，单位为"厘米"，如图6-3所示。单击"系统单位设置"按钮，在弹出的"系统单位设置"对话框中，设置1单位=1.0毫米，如图6-4所示。

图6-3

图6-4

04 在"创建"面板中单击"卷尺"按钮，在"顶"视图中测量一下场景中盘子模型的直径，可以看到盘子的直径约为20.243cm，这与真实世界中盘子的大小较为接近，如图6-5所示。

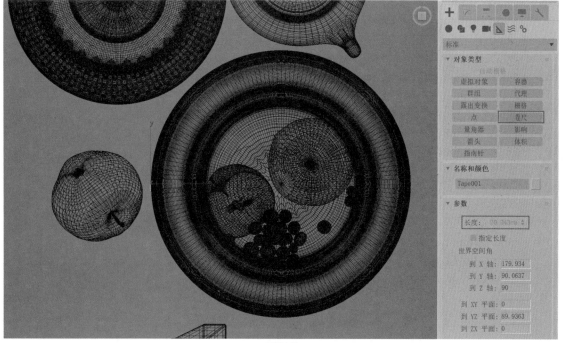

图6-5

05 此外，在进行液体模拟前，读者最好还需要找一些相关素材进行观察，充分了解自己所要模拟的液体动画效果。如图6-6所示为我在自助餐厅里所拍摄的粉色的巧克力酱照片，读者可以观察一下真实世界中巧克力酱的液体表面光泽及与其他物体所产生的液体碰撞效果。

图6-6

6.3 设置液体发射

在本实例中，我考虑制作的巧克力酱从果盘模型的正上方沿S形进行倾倒，所以，在进行液体动画设置前需要首先制作液体发射器的路径动画效果。

6.3.1 制作液体发射器路径动画

01 在"创建"面板中，单击"线"按钮，在"顶"视图中，绘制一根如图6-7所示的曲线。

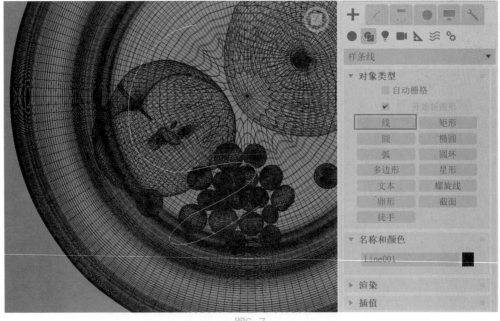

图6-7

02 在 "前" 视图中，调整曲线的位置至如图6-8所示，使得曲线位于场景中果盘模型的正上方。

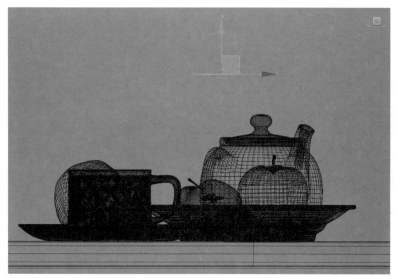

图6-8

03 在 "创建" 面板中，单击 "球体" 按钮，在 "顶" 视图中创建一个球体模型，如图6-9所示。

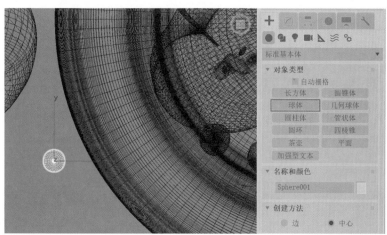

图6-9

04 在 "修改" 面板中，设置球体的 "半径" 值为0.3cm，如图6-10所示。

05 选择球体模型，执行菜单栏 "动画/约束/路径约束" 命令，如图6-11所示。将刚刚创建的球体路径约束到场景中果盘上方的曲线上，如图6-12所示。

图6-10

图6-11

图6-12

06 接下来，分别更改球体模型关键帧的位置至如图6-13所示，使得球体在场景中的第30帧开始产生位移动画，到场景中的第150帧动画结束。

图6-13

07 这样，球体的路径动画就设置完成了，接下来，我们开始讲解如何将球体设置为液体的发射器。

6.3.2 设置液体发射

01 在"创建"面板中，将下拉列表的命令设置为"流体"，如图6-14所示。

02 单击"液体"按钮，在"前"视图中绘制一个液体图标，如图6-15所示。

图6-14

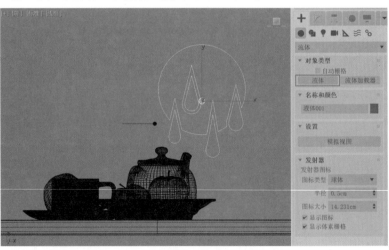

图6-15

03 在"修改"面板中，展开"设置"卷展栏，单击"模拟视图"按钮，打开"模拟视图"面板，如图6-16所示。

04 在"模拟视图"面板中，展开"发射器"卷展栏，设置"图标类型"的选项为"自定义"，并将场景中刚刚创建的球体Sphere001设置为自定义发射器对象，如图6-17所示。

图6-16

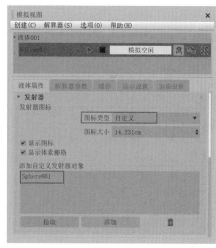

图6-17

05 设置完成后，液体将会从球体Sphere001的表面开始发射。

技术专题："发射器"卷展栏命令解析

"发射器"卷展栏内的命令主要控制"液体"发射器的类型及大小，其参数如图6-18所示。

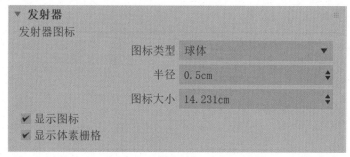

图6-18

工具解析

● 图标类型：用于设置液体发射器的类型，有球体、长方体、平面和自定义这4种类型，如图6-19所示分别为这4种不同图标类型的液体图标显示结果。

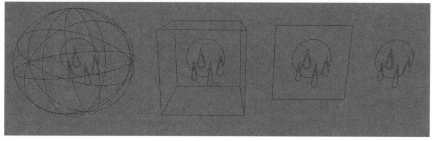

图6-19

- 半径：当"图标类型"选择为"球体"时，该值用于控制液体发射器的半径大小。
- 图标大小：用于控制液体的图标大小。
- 显示图标：用于设置是否在视图中显示液体的图标，如图6-20所示分别为该复选框勾选前后的液体图标显示结果对比。

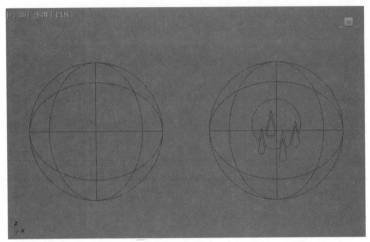

图6-20

- 显示体素栅格：用于设置是否在视图中显示液体的体素栅格，如图6-21所示分别为该复选框勾选前后的液体图标显示结果对比。

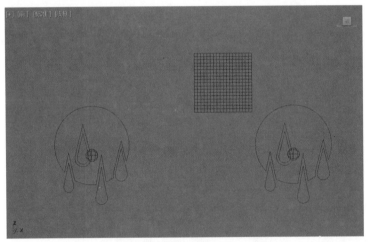

图6-21

6.4 制作液体动画

6.4.1 设置液体碰撞对象

01 液体发射器设置完成后，接下来首先需要考虑的事情是碰撞对象的设置，读者需要考虑好场景中的哪些对象有可能在未来与液体产生碰撞交互事件。在本实例中，我将场景中的果盘及果盘里所有的水果模型均设置为了碰撞对象。

02 展开"碰撞对象/禁用平面"卷展栏，单击"添加碰撞对象"组内的"拾取"按钮，依次在视图中单击我要设置为碰撞对象的模型，如图6-22所示。

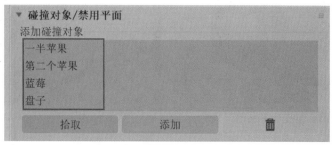

图6-22

6.4.2　液体解算

01 在"解算器参数"选项卡中，展开"常规参数"卷展栏，取消勾选"使用时间轴"复选框，这样就可以对液体模拟的"开始帧"和"结束帧"分别进行设置。由于在上一节中，我将设置了路径约束的球体模型的起始帧设置为第30帧，所以液体模拟的"开始帧"我也设置从第30帧开始计算，直至第200帧结束，如图6-23所示。

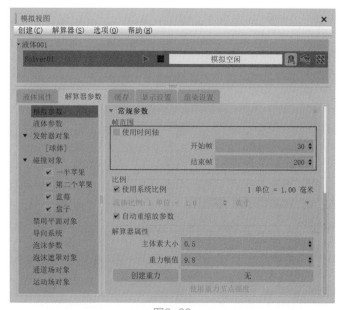

图6-23

02 设置完成后，单击"开始解算"按钮，进行液体动画模拟，如图6-24所示。

图6-24

03 经过一段时间的动画解算后，拖动"时间滑块"按钮，我们可以看到模拟出来的液体效果如图6-25所示，感觉液体的流动形态缺乏粘性，不像巧克力液体的流动效果。

图6-25

04 展开"液体参数"卷展栏，设置液体的"粘度"值为1.2，如图6-26所示。

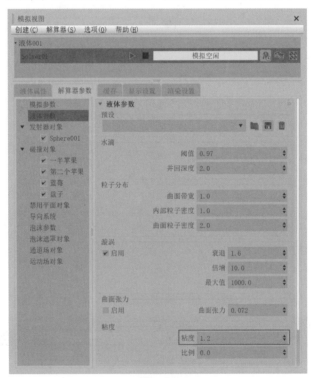

图6-26

05 再次单击"开始解算"按钮，进行液体动画模拟，这时，系统会弹出"运行选项"对话框，询问用户是"继续"解算，还是"重新开始"，单击"重新开始"按钮重新进行液体模拟，如图6-27所示。

图6-27

06 经过一段时间后，模拟的结果如图6-28所示。通过模拟结果，我们可以看到这一次解算完成后的结果为液体在经过盘子里的水果模型后会在其表面产生一层较为粘稠的液体形态。

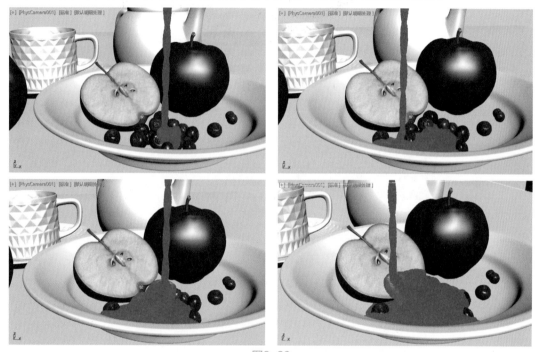

图6-28

07 将"模拟视图"面板切换至"显示设置"选项卡，将液体的"显示类型"设置为"Bifrost动态网格"，如图6-29所示。

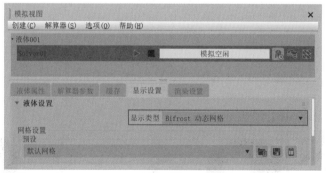

图6-29

08 设置完成后，液体在"摄影机"视图中的显示结果如图6-30所示。

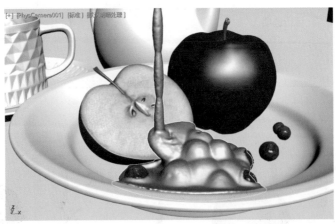

图6-30

09 接下来，回到"解算器参数"选项卡，设置"主体素大小"的值为0.3，增加液体模拟的计算精度，如图6-31所示。

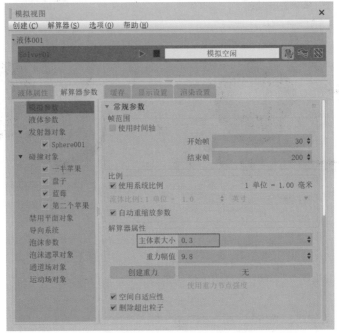

图6-31

10 设置完成后，再次重新模拟液体动画，模拟的结果如图6-32所示。

图6-32

图6-32（续）

技术专题："常规参数"卷展栏命令解析

"常规参数"卷展栏内的命令主要控制"液体"进行解算的时间帧范围、系统比例设置及计算精度，其参数如图6-33所示。

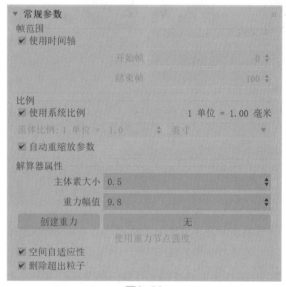

图6-33

工具解析

"帧范围"组

● 使用时间轴：勾选该复选框后系统使用当前时间轴来设置模拟的帧范围，如果取消勾选该复选框，用户则可以自行设置液体解算的"开始帧"和"结束帧"。

● 开始帧：设置液体动画模拟的开始帧。

● 结束帧：设置液体动画模拟的结束帧。

"比例"组

● 使用系统比例：将模拟设置为使用系统比例，可以在"自定义"菜单的"单位设置"下修改系统比例。

● 流体比例：覆盖系统比例并使用具有指定单位的自定义比例。模型比例不等于所需的真实世界比例时，这有助于使模拟看起来更真实。

● 自动重缩放参数：自动重缩放主体素大小以使用自定义流体比例。

"解算器属性"组

● 主体素大小：通过设置液体模拟的基本分辨率（以栅格单位表示）来控制液体动画的计算精度。值越小，细节越丰富，精度越高，但需要的内存和计算更多。较大的值有助于快速预览模拟行为，或者适用于内存和处理能力有限的系统。如图6-34所示为在本章节实例中，"主体素大小"的值分别为0.5和0.3的解算结果对比。需要读者注意的是，该值可以在电脑能够正常解算的条件下尽可能的设置稍小一点，这样可以得到精确度更高的液体动画计算结果。

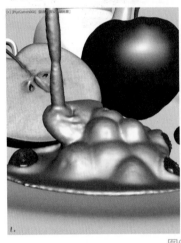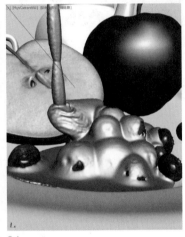

图6-34

● 重力幅值：重力加速强度默认以米每秒的平方表示。值 9.8 对应于地球重力，值为 0 则模拟零重力环境。

● "创建重力"按钮：在场景中创建重力辅助对象。箭头方向将调整重力的方向。

● 使用重力节点强度：启用后，将在场景中使用重力辅助对象的强度而不是"重力幅值"。

● 空间自适应性：对于液体模拟，此选项允许较低分辨率的体素位于通常不需要细节的流体中心，这样可以避免不必要的计算并有助于提高系统性能。

● 删除超出粒子：低分辨率区域中的每个体素粒子数超过某一阈值时，移除一些粒子。如果在空间自适应模拟和非自适应模拟之间遇到体积丢失或其他大的差异，则禁用此选项。

技术专题："液体设置"卷展栏命令解析

"液体设置"卷展栏位于"显示设置"选项卡中，主要控制"液体"的显示，其参数如图6-35所示。

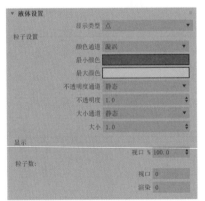

图6-35

📄 工具解析

- 显示类型：设置液体模拟的显示方法，有"Bifrost 动态网格""Bifrost 缓存网格""点""平面""球体""自定义"和"无"这7种类型可选，如图6-36所示。如图6-37所示分别为"显示类型"设置为"Bifrost动态网格""点""平面"和"球体"这4种不同类型的显示结果对比。

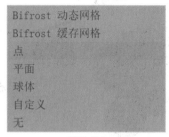

图6-36

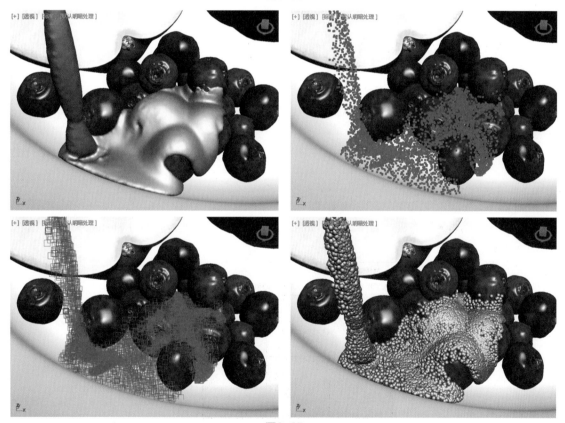

图6-37

"粒子设置"组

- 颜色通道：设置"液体"粒子颜色的通道类型。
- 最小颜色：设置最小值对应的颜色。
- 最大颜色：设置最大值对应的颜色。
- 不透明度通道：设置视口中粒子不透明度的特定通道类型。
- 不透明度：设置粒子的不透明度。
- 大小通道：设置粒子在视口中的大小通道类型。
- 大小：设置粒子的大小。

"显示"组

● 视口%：设置视口中显示粒子的百分比，如图6-38所示为本实例中该值分别设置为5和100的液体显示结果对比。

图6-38

● 视口：用于显示视口中的粒子数量。
● 渲染：用于显示渲染计算时的粒子数量。

6.5 渲染设置

6.5.1 制作巧克力材质

01 打开"材质编辑器"面板，选择一个空白的材质球，将其设置为Standard Surface材质类型，如图6-39所示。

图6-39

02 展开Base卷展栏，设置Base Color的颜色为棕色（红：0.239，绿：0.118，蓝：0.039），如图6-40所示。

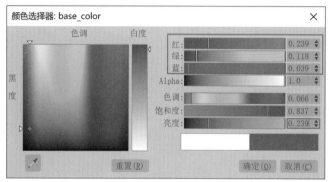

图6-40

03 展开Transmission卷展栏，设置General的权重值为0.8，设置General的颜色为棕色（红：0.239，绿：0.118，蓝：0.039），如图6-41所示。

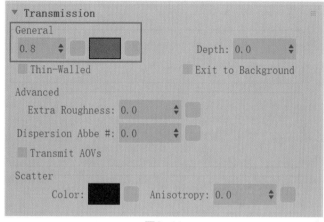

图6-41

04 设置完成后的巧克力材质如图6-42所示。

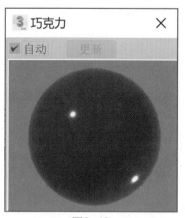

图6-42

6.5.2　渲染输出

01 打开"渲染设置"面板，在"公用"选项卡中，设置"时间输出"的选项为"活动时间段"，设置"输出大小"的"宽度"值为1280，"高度"值为720，如图6-43所示。

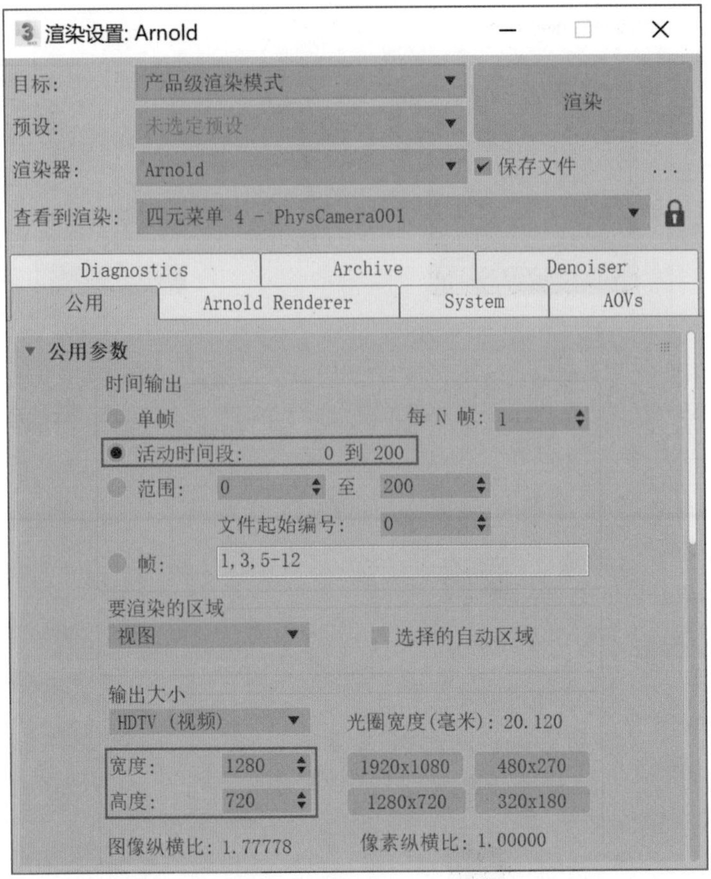

图6-43

02 在Arnold Renderer选项卡中，设置Camera（AA）的值为6，如图6-44所示。

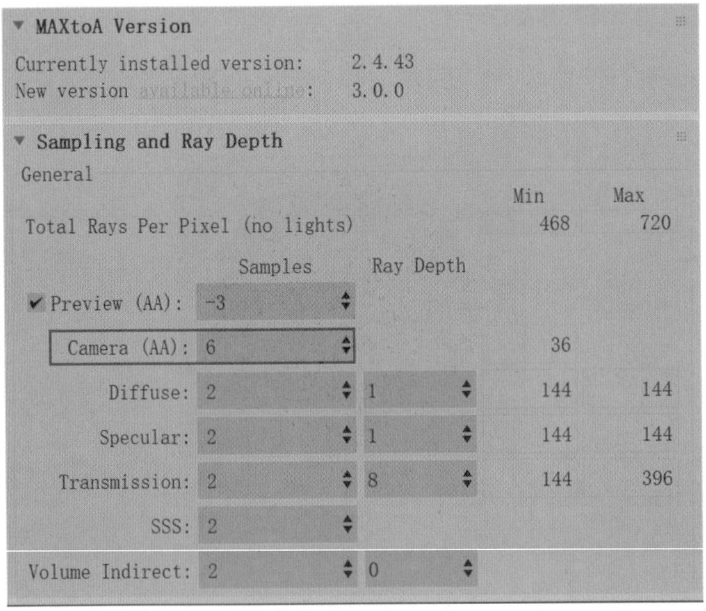

图6-44

03 设置完成后，渲染场景，本实例的最终渲染结果如图6-45所示。

图6-45

7.1 效果展示

本章节为读者讲解如何制作游艇在水面上滑行所产生的浪花飞溅动画，最终的渲染动画序列效果如图7-1所示。另外，需要注意的是该实例使用中文版3ds Max 2020软件进行制作，动画输出使用Arnold渲染器进行渲染。

图7-1

7.2 动画场景分析

01 打开本书配套场景资源文件，可以看到该场景为一个已经设置好材质及渲染参数的场景，里面包含有一个游艇的模型、一条曲线和一个长方体模型，如图7-2所示。

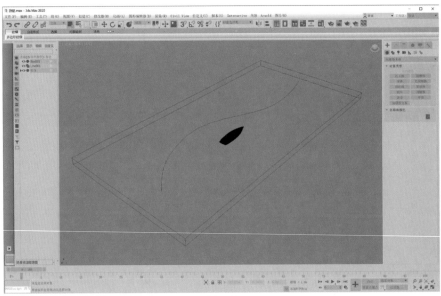

图7-2

02 首先，检查场景单位设置情况。执行菜单栏"自定义/单位设置"命令，打开"单位设置"对话框，设置"显示单位比例"的选项为"公制"，单位为"米"，如图7-3所示。单击"系统单位设置"按钮，在弹出的"系统单位设置"对话框中，设置1单位=1.0毫米，如图7-4所示。

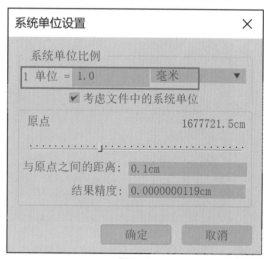

图7-3　　　　　　　　　　　　　　　　　　　　　　图7-4

03 在"创建"面板中单击"卷尺"按钮，在"顶"视图中测量一下场景中游艇模型的长度，可以看到游艇模型的长度约为9.694m，这与真实世界中游艇的长度较为接近，如图7-5所示。

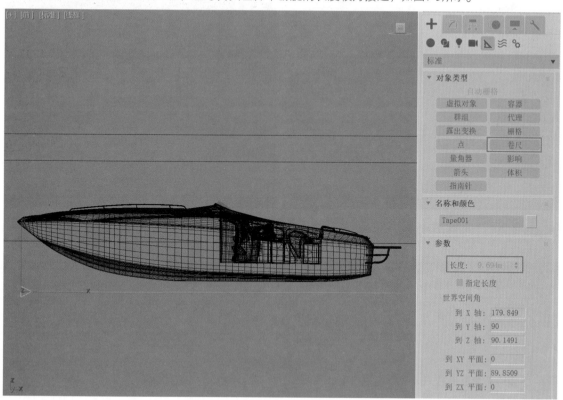

图7-5

04 选择场景中的长方体模型，该模型一会需要用来模拟足够大的水面区域，所以我们在"修改"面板中观察其尺寸，如图7-6所示，以确保该长方体模型的大小符合动画需要。

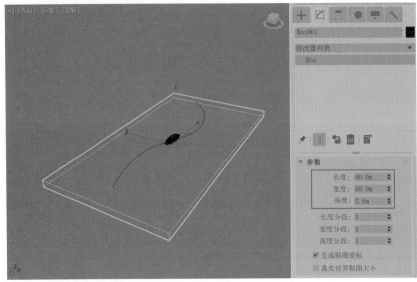

图7-6

05 此外，在进行液体模拟前，读者最好还需要找一些相关素材进行观察，充分了解自己所要模拟的液体动画效果。如图7-7所示分别为我所拍摄的真实游艇所产生的浪花与玩具船在湖面所产生的波纹照片对比，读者在制作前先观察一下这些照片有助于了解真实世界中的浪花细节。

图7-7

7.3 设置游艇动画

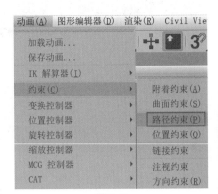

01 选择场景中名称为"船身"的模型，执行菜单栏"动画/约束/路径约束"命令，如图7-8所示。将游艇模型约束至场景中的曲线上。

02 路径约束设置完成后，可以看到现在游艇模型的位置已经发生改变，如图7-9所示。

03 拖动"时间滑块"按钮，观察游艇的运动动画，可以观察到游艇模型已经可以开始沿着曲线进行位置上的移动，但是游艇的方向却不会沿着曲线的弧度发生改变，如图7-10所示。

图7-8

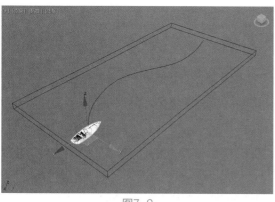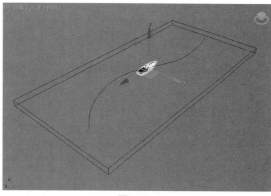

图7-9　　　　　　　　　　　　　　　图7-10

04 在"运动"面板中，展开"路径参数"卷展栏，勾选"跟随"复选框。设置完成后，拖动"时间滑块"按钮，可以看到现在游艇模型开始随着曲线的弧度更改方向了，但是游艇船头的方向还是不对。

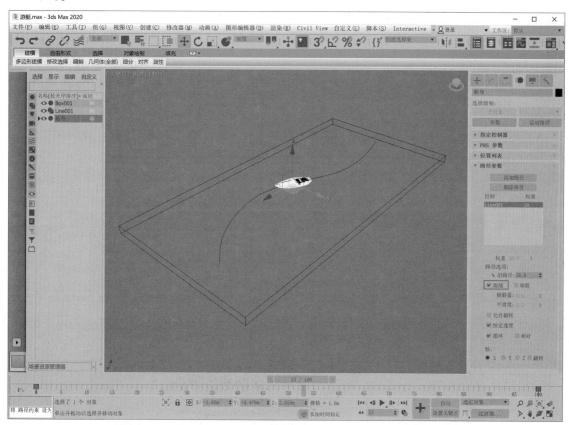

图7-11

05 勾选"轴"命令组内的"翻转"复选框，这时，再次拖动"时间滑块"按钮，可以看到游艇模型的运动轨迹终于正确了，如图7-12所示。

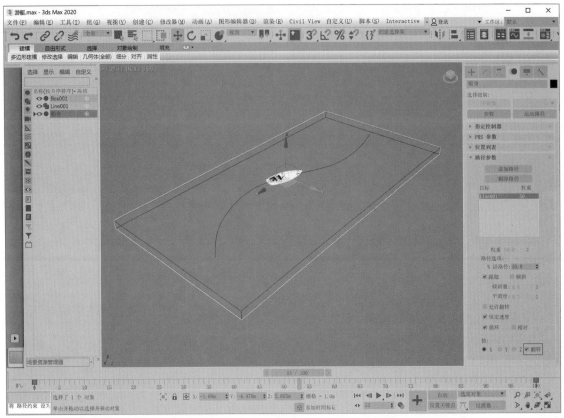

图7-12

06 按下快捷键F键，在"前"视图中观察游艇模型的位置，如图7-13所示。如果希望微调游艇模型的位置，可以选择场景中的曲线来进行位置调整。

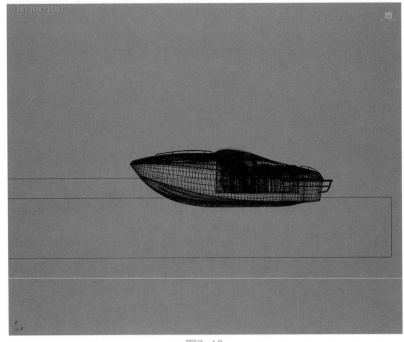

图7-13

07 游艇的路径动画设置完成后，动画效果如图7-14所示。

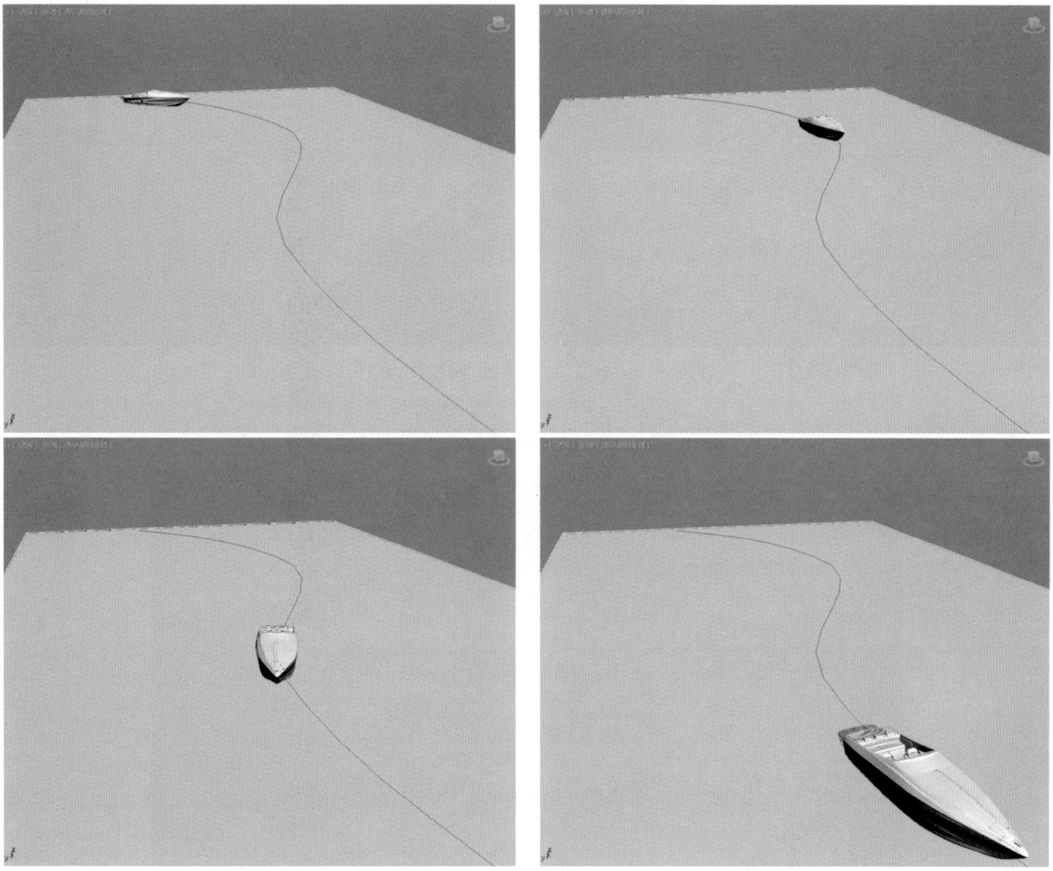

图7-14

7.4 设置波浪动画

7.4.1 水面动画模拟

01 选择场景中的长方体模型，右击并在弹出的快捷菜单中执行“克隆”命令，在自动弹出的“克隆选项”对话框中选中“复制”单选按钮，单击“确定”按钮，原地复制出一个新的长方体模型，如图7-15所示。

02 选择新复制出来的长方体Box002，右击并在弹出的快捷菜单中执行“转换为/转换为可编辑多边形”命令，如图7-16所示。

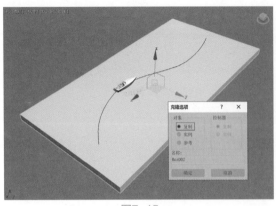
图7-15

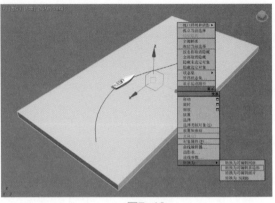
图7-16

03 在"修改"面板中，进入其"多边形"子对象层级，选择如图7-17所示的面，沿Z轴方向向上移动至如图7-18所示位置处，然后将其删除，如图7-19所示。

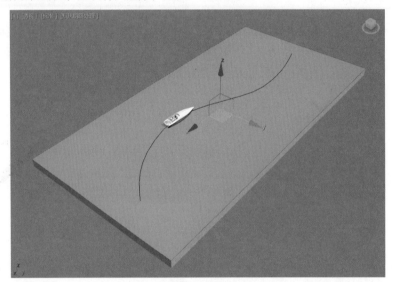
图7-17

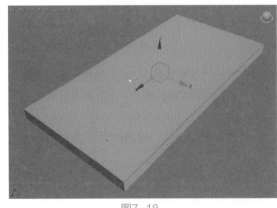
图7-18

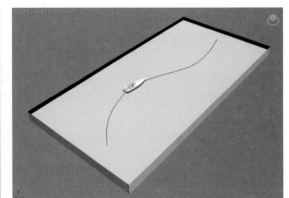
图7-19

04 接下来，为该模型添加"壳"修改器，并设置"外部量"的值为0.2m，为长方体Box002设置厚度，如图7-20所示。

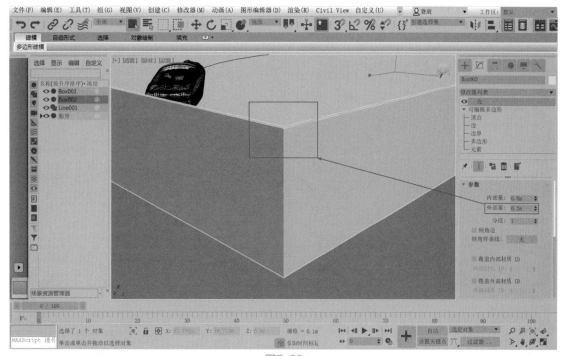

图7-20

05 在"创建"面板中，单击"平面"按钮，在场景中创建一个平面模型，如图7-21所示。

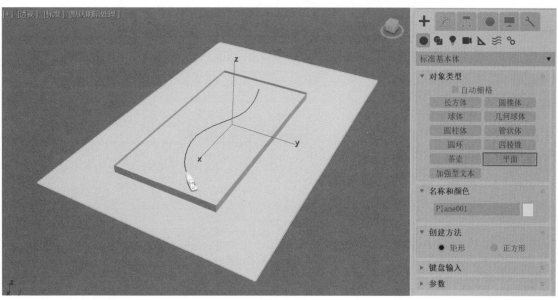

图7-21

06 在"创建"面板中，将下拉列表切换至"流体"，单击"液体"按钮，在"前"视图中创建一个液体图标，如图7-22所示。

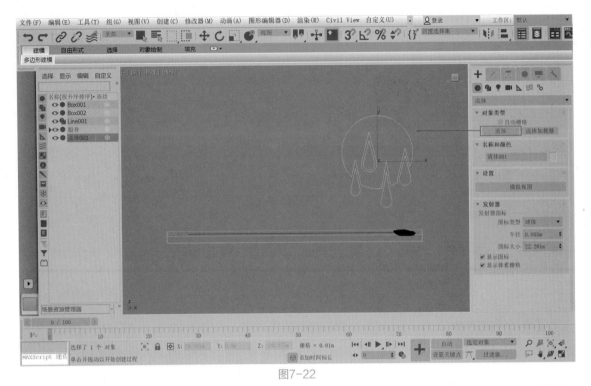

图7-22

07 在"修改"面板中,展开"设置"卷展栏,单击"模拟视图"按钮,如图7-23所示,打开"模拟视图"面板。

08 在"模拟视图"面板中的"液体属性"选项卡中,展开"发射器"卷展栏,设置"图标类型"的选项为"自定义",并将场景中的长方体Box001设置为自定义发射器对象,如图7-24所示。

图7-23

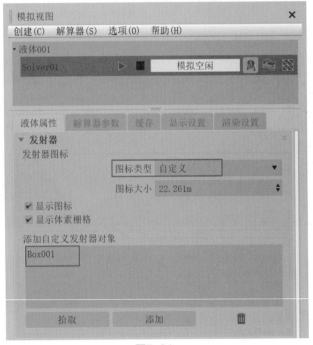

图7-24

09 展开"碰撞对象/禁用平面"卷展栏，将场景中名称为"船身"的游艇模型和长方体Box002设置为碰撞对象，将场景中的平面模型设置为禁用平面，如图7-25所示。

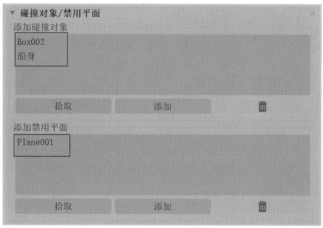

图7-25

10 在"解算器参数"选项卡中，展开"发射器参数"卷展栏，设置"发射类型"为"容器"，如图7-26所示。

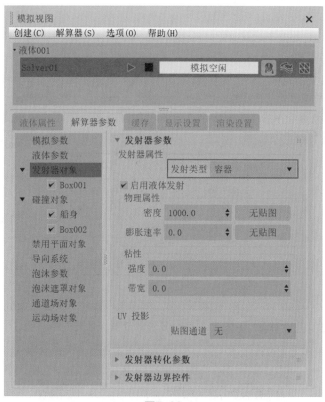

图7-26

11 展开"常规参数"卷展栏，设置"主体素大小"的值为200，增加液体模拟计算的基本分辨率，如图7-27所示。

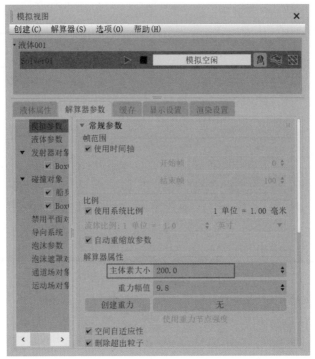

图7-27

 "主体素大小"这个参数的值应与所要模拟的液体体积成一定比例关系。比如在本实例中,所要模拟的液体是一个长80m,宽40 m,高2 m的水体,所以应增加该属性的数值,否则,系统会弹出"内存受限警告"对话框,提示用户该属性设置的值较小可能导致内存限制,如图7-28所示。

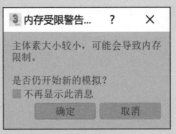

图7-28

12 设置完成后,单击"开始解算"按钮,准备计算液体动画,如图7-29所示。

图7-29

13 经过一段时间的解算后,游艇在水面上滑过所产生的波纹效果如图7-30~图7-31所示。

14 展开"液体设置"卷展栏,将液体的"显示类型"设置为"Bifrost动态网格",这样可以观察到液体的网格形态,如图7-32所示。

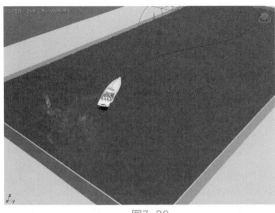
图7-30

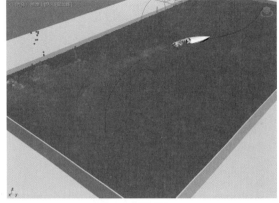
图7-31

图7-32

15 设置完成后，游艇在水面上滑过所产生的波纹效果如图7-33和图7-34所示。

图7-33

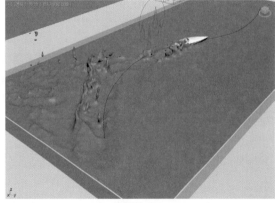
图7-34

7.4.2　泡沫动画模拟

01 通过拖动"时间滑块"检查完水面波纹的动画形态之后，如果感觉没有问题，则可以开始解算泡沫动画。在"模拟视图"面板中，单击"解算泡沫组件"按钮后，再次单击"开始解算"按钮，这样在生成水面波纹动画的同时，系统还会开始计算泡沫动画，如图7-35所示。

图7-35

02 液体模拟解算完成后，拖动"时间滑块"按钮，可以在视图中观察生成的白色点状泡沫效果，如图7-36所示。

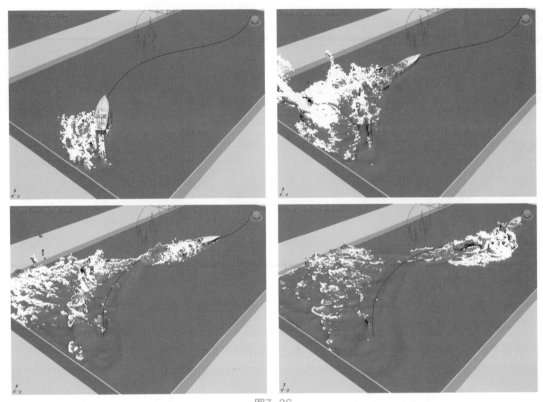

图7-36

03 在"解算器参数"选项卡中，展开"泡沫属性"卷展栏，将"模式"设置为"高级"选项，设置"消散速率"的值为2.0，如图7-37所示。这样可以降低泡沫的消散速度，在相同的关键帧得到更多的泡沫细节。

04 本实例的最终泡沫生成效果如图7-38所示。

图7-37   图7-38

技术专题："泡沫属性"卷展栏命令解析

"泡沫属性"卷展栏中的参数命令显示根据选择"模式"的不同有很大变化，如图7-39所示分别为"模式"设置为"基本"和"高级"后的命令显示对比。

图7-39

🖥 工具解析

- 模式：供用户选择"基本"或是"高级"，当该选项设置为"高级"时，"泡沫属性"卷展栏会显示出更多的参数属性。

　　"发射参数"组

- 发射速率：设定每秒为每个体素生成的发射点数，增大此值会生成更多的泡沫粒子。图7-40所示分别为该值设置为200和1000的泡沫生成情况对比。

图7-40

- 最小液体速度：基于液体的速度向量设置用于触发泡沫发射的阈值（以 m/s 为单位）。值越小，生成的泡沫粒子越多，液体中移动速度较快的区域会发射更多的粒子。
- 最小液体涡流：基于液体中的转动动力和角动力设置用于触发泡沫发射的阈值（以 m/s 为单位）。将"最小液体涡流"设置为介于 0 和 2 之间的值，值越低发射的泡沫越多。
- 最小液体曲率：基于在液体曲面上形成的曲率设置用于触发泡沫发射的阈值。值越低，生成的泡沫粒子越多。液体曲率是指液体曲面上的形状，如通过将波浪翻滚和成峰生成的形状。曲线最陡的液体区域会发射最大数量的粒子。
- 最小液体深度：设置发射泡沫粒子的液体体素区域的顶部（以体素为单位）。如果该值为 0，则将液体曲面设置为发射区域的顶部。仅在"高级"模式处于选中状态时才会显示此选项。
- 最大液体深度：设置发射泡沫粒子的液体体素区域的底部（以体素为单位）。非零正值将发射区域的底部设置在液体曲面下方。值为 3 时可实现典型的泡沫效果。仅在"高级"模式处于选中状态时才会显示此选项。
- 最大实体深度：设置泡沫发射点和闭合边界（如碰撞对象）之间的距离（以体素为单位）。使用介于 0 和 1 之间的值可保持体素发射点和碰撞对象之间的边界。若要在液体曲面的下方发射泡沫（气泡），请将"最大实体深度"设置为负值，并将"最大液体深度"设置为高值，如 10 或更大值。仅在"高级"模式处于选中状态时才会显示此选项。
- 将平坦度发射到曲面：在发射时将粒子捕捉到液体曲面。这样可防止粒子在液体曲面的下方发射。设置为 1.0 时，粒子捕捉到液体曲面。设置为 0 时，粒子不受影响，它允许浮力引导粒子的向上运动。仅在"高级"模式处于选中状态时才会显示此选项。
- 微型漩涡：在发射时通过使用几个体素大的漩涡推送粒子，在泡沫中创建精细结构。仅在"高级"模式处于选中状态时才会显示此选项。
- 发射运动条纹：在发射时随机化速度向量上的粒子位置。较大的值可能有助于减少条纹，但是也可能会导致外观更加粗糙杂乱。仅在"高级"模式处于选中状态时才会显示此选项。

"行为参数"组

- 评估相邻平铺：启用此选项后，自碰撞和体积保留计算使用相邻平铺中的泡沫粒子。这会提高模拟精度并消除平铺之间可见的边界瑕疵（特别是在浓稠的静态泡沫中）。启用"评估相邻平铺"会增加模拟时间。
- 压缩模型：启用"压缩模型"解算器方法。类似于光滑粒子流体动力学方法 (SPH)，"压缩模型"使用不可压缩性计算来解决重叠的泡沫粒子。
- 目标密度：控制如何将"压缩模型"方法的计算应用到泡沫模拟。增加此值可让更多粒子在相互排斥之前重叠。对于典型的泡沫模拟，使用介于 0 和 2 之间的值。
- 继承液体速度：基于液体速度对发射的泡沫粒子应用加速。设置为 1 时，泡沫粒子以等于液体速度向量的速度发射。值大于 1 时，泡沫可以像喷射那样射离曲面；而值小于 1 时，则衰减粒子速度。
- 重力倍增：设置一个缩放液体容器的"重力幅值"并将其应用于泡沫粒子的值。
- 遮罩衰减距离：在泡沫遮罩的输入网格周围设置衰减区域（以场景单位表示）。增加此值可以软化遮罩周围的发射边界。
- 消散速率：设置泡沫粒子每秒失去密度的速率。液体曲面上和其上方的泡沫粒子将消散，液体曲面下方的粒子不消散。图7-41所示为"消散速率"值分别为5.0和2.0的泡沫生成结果对比。我们可以观察到当"消散速率"值设置为2时，泡沫的数量明显增多了。
- 禁用密度阈值：设置可消除泡沫粒子的"阈值密度"值。
- 浮力：设置泡沫粒子的向上加速度（以 m/s^2 为单位）。
- 碰撞对象禁用深度：设置与在碰撞粒子上触发其他消散效果的碰撞对象的距离（以体素为单位）。

● 曲面张力：设置应用到泡沫粒子的曲面张力。将粒子收拢的吸引力在"张力半径"设置的区域内起作用。请使用介于 0 和 0.1 之间的值，更多情况下范围通常在 0.01 到 0.02 之间。值大于 0.1 时，会导致泡沫粒子团在一起。在小型非湍流液体中，效果最明显。启用"压缩模型"和"评估相邻平铺"时，"泡沫曲面张力"效果最佳。

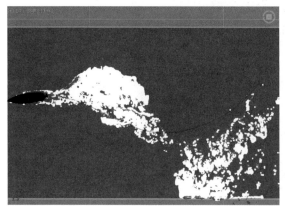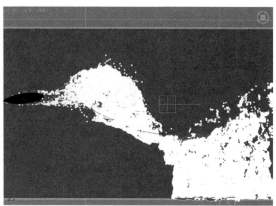

图7-41

● 张力半径：设置"曲面张力"的有效距离（以体素为单位）。此距离为"点半径"选项的倍数，值为 2 时对应的距离是"点半径"的2倍。

7.5　渲染设置

7.5.1　制作水面及泡沫材质

01 打开"材质编辑器"面板，选择一个未使用的材质球，将其设置为"多维/子对象"材质类型，如图7-42所示。

02 使用"液体"所模拟出来的水面波纹和泡沫，在默认情况下其ID号分别为1和2。所以，在"多维/子对象基本参数"卷展栏中，单击"设置数量"按钮，在弹出的"设置材质数量"对话框中，将"材质数量"的值设置为2，如图7-43所示。

03 将多维/子对象材质球内ID号为1和2的材质均设置为Standard Surface材质类型，如图7-44所示。

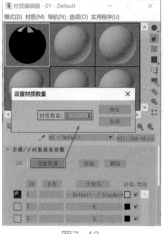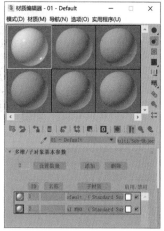

图7-42　　　　　　　　　　图7-43　　　　　　　　　　图7-44

04 下面开始分别制作这两个材质球。首先，我们开始制作水面材质，进入ID号为1的子材质中。展开Base卷展栏，设置Base Color的颜色为蓝色（红：0.012，绿：0.09，蓝：0.137），如图7-45所示。

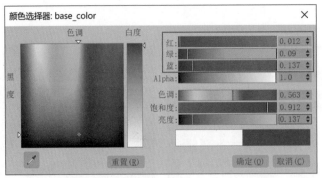

图7-45

05 在Transmission卷展栏中，设置General的值为0.8，并将Base Color的颜色以拖曳的方式复制到General的颜色控件上，如图7-46所示。

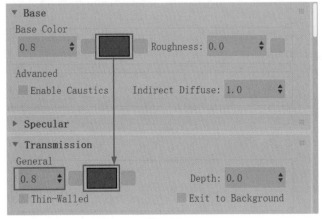

图7-46

06 设置完成后，水面材质球的显示结果如图7-47所示。

07 制作泡沫材质。由于本实例中的泡沫显示为白色，故泡沫材质使用默认的Standard Surface材质球就可以。液体材质球的最终显示结果如图7-48所示。

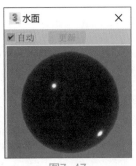

图7-47

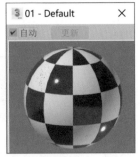

图7-48

7.5.2 设置灯光

01 在"创建"面板中，单击"太阳定位器"按钮，在场景中创建一个太阳灯光，如图7-49所示。

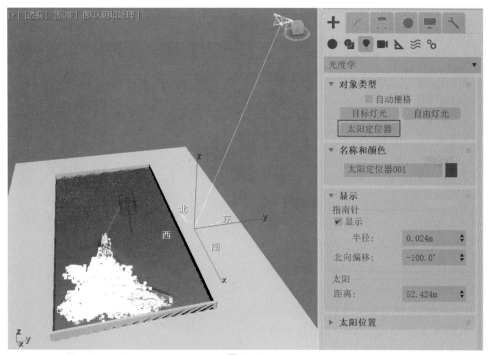

图7-49

02 在"修改"面板中，进入"太阳定位器"的"太阳"子对象层级，调整灯光的位置至如图7-50
所示。

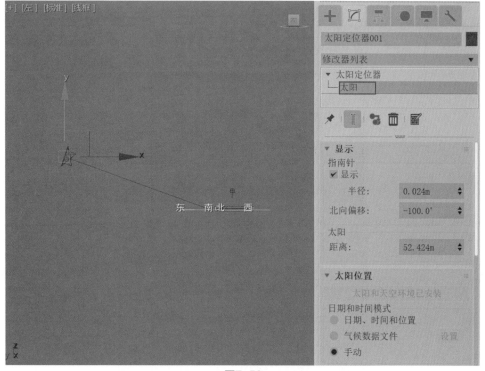

图7-50

03 打开"环境和效果"面板，将"环境贴图"以拖曳的方式复制到空白材质球上，在系统自动弹出的
"实例（副本）贴图"对话框中，选中"实例"单选按钮，如图7-51所示。

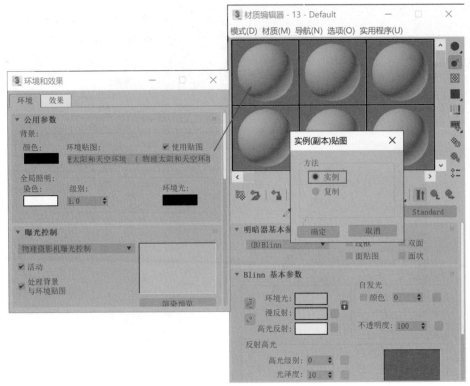

图7-51

04 在"物理太阳和天空环境"卷展栏中,设置"强度"的值为5.0,提高"太阳定位器"灯光的照明强度,如图7-52所示。

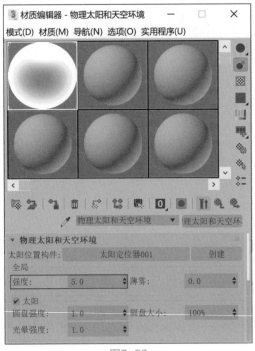

图7-52

05 设置完成后,渲染场景,渲染结果如图7-53所示。

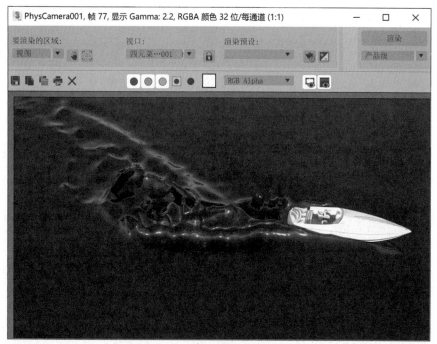

图7-53

06 从渲染结果上看，画面上并没有渲染出泡沫的效果，这是因为泡沫的"半径"值在默认情况下比较小所造成的。现在打开"模拟视图"面板，找到"渲染设置"选项卡，展开"泡沫设置"卷展栏，设置泡沫的"半径"值为200.0，如图7-54所示。

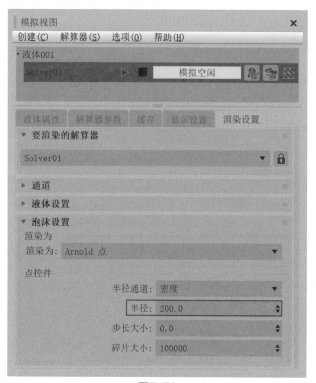

图7-54

07 设置完成后，再次渲染场景，渲染结果如图7-55所示。

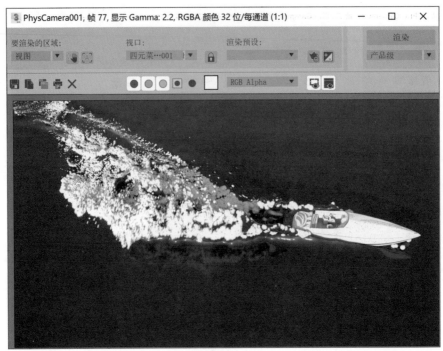

图7-55

7.5.3 渲染输出

01 打开"渲染设置"面板，在"公用"选项卡中，设置"时间输出"的选项为"活动时间段"，设置"输出大小"的"宽度"值为1280，"高度"值为720，如图7-56所示。

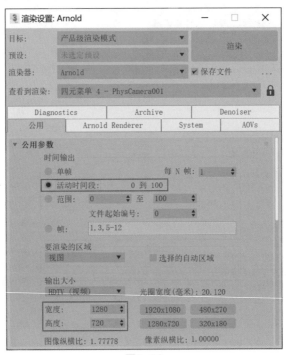

图7-56

02 设置完成后，渲染场景，本实例的最终渲染结果如图7-57所示。

图7-57

8.1　效果展示

本章为读者讲解制作游艇在水面上滑行所产生的浪花飞溅动画的另一种制作方法，最终的渲染动画序列效果如图8-1所示。该实例使用中文版3ds Max 2020软件制作。另外需要注意的是，本章的内容还需要读者安装Chaosgroup公司生产的VRay渲染器和Phoenix FD火凤凰插件，动画输出使用VRay渲染器进行渲染。

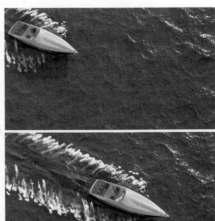

图8-1

8.2　动画场景分析

01 打开本书配套场景资源文件，可以看到该场景为一个已经设置好材质及渲染参数的场景，里面包含有一个游艇的模型、一个名称为Box001的游艇简模和一部VRay物理摄影机，如图8-2所示。

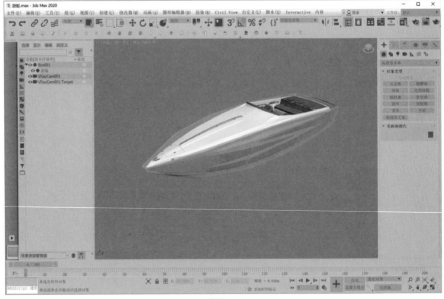

图8-2

02 首先，检查场景单位设置情况。执行菜单栏"自定义/单位设置"命令，打开"单位设置"对话框，设置"显示单位比例"的选项为"公制"，单位为"米"，如图8-3所示。单击"系统单位设置"按钮，在弹出的"系统单位设置"对话框中，设置1单位=1.0毫米，如图8-4所示。

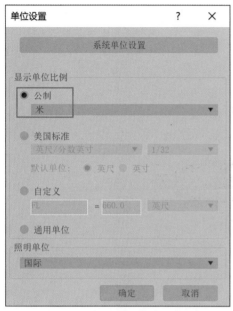

图8-3

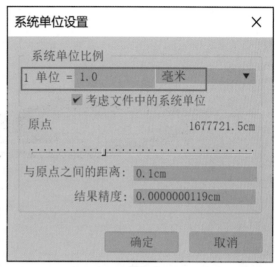

图8-4

03 选择场景中名称为Box001的游艇简模，右击并在弹出的快捷菜单中执行"对象属性"命令，在弹出的"对象属性"对话框中，取消勾选"可渲染"复选框，这样在渲染场景时不会渲染出该模型；勾选"透明"复选框，使得游艇简模呈透明状态显示，如图8-5所示。

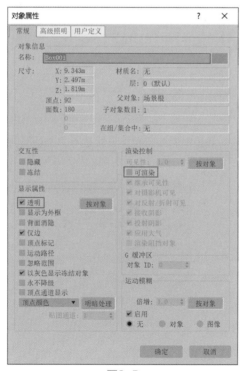

图8-5

04 在"创建"面板中单击"卷尺"按钮,在"顶"视图中测量一下场景中游艇模型的长度,可以看到游艇模型的长度约为**9.69m**,这与真实世界中游艇的长度较为接近,如图8-6所示。根据测量结果,如果场景中的模型与真实世界的对象尺寸一致,那么就可以接下来的动画模拟了。

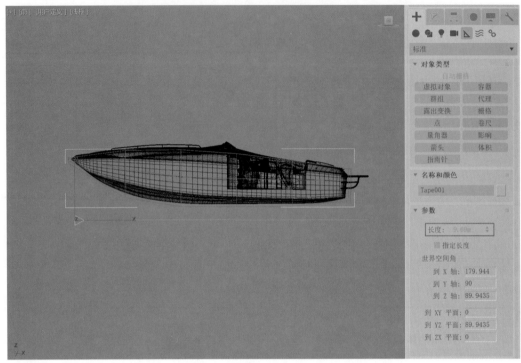

图8-6

8.3 使用PhoenixFD创建波浪

8.3.1 制作游艇动画

在制作浪花动画特效之前,需要对场景中的游艇模型设置基本的位移动画及一些必要的绑定操作。

01 将"创建"面板的下拉列表切换至PhoenixFD,如图8-7所示。

图8-7

02 单击LiquidSim按钮,在场景中创建一个流体模拟器,如图8-8所示。

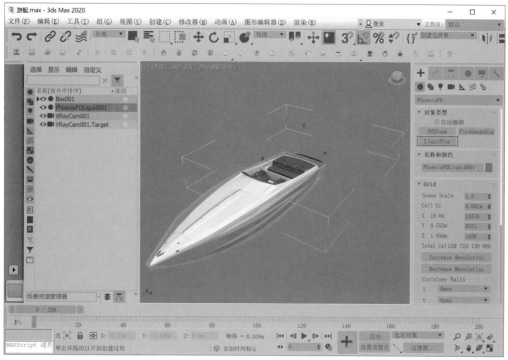

图8-8

技巧与提示　　当创建的流体模拟器大到一定程度时，系统将自动限制其自身的大小。稍后，可以在"修改"面板中通过降低Cell Si（单元大小），即可重新调整流体模拟器的尺寸。

03　在"修改"面板中，展开Grid（栅格）卷展栏，设置Cell Si（单元大小）的值为0.1m，并设置X、Y和Z的值分别为250、100和20，这样，Total Cel（总计单元）的值显示为500000，设置完成后，将流体模拟器的位置调整至如图8-9所示位置处。

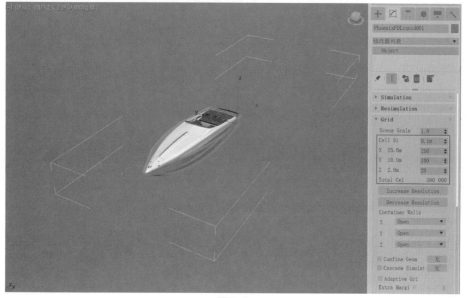

图8-9

04 按下快捷键F键，在"前"视图中，调整流体模拟器的位置如图8-10所示。

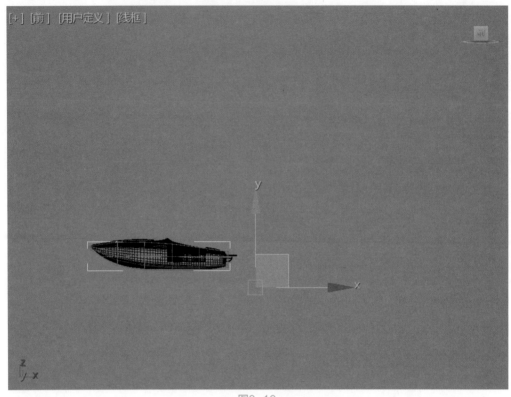

图8-10

05 在"创建"面板中，单击"点"按钮，在"前"视图中创建一个点，如图8-11所示。

图8-11

06 在"修改"面板中，展开"参数"卷展栏，勾选"三轴架""交叉"和"长方体"复选框，设置点的"大小"值为5.0m，如图8-12所示。

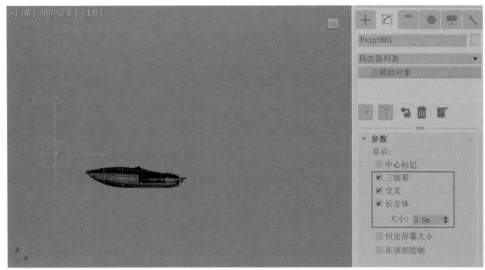

图8-12

07 将场景中的游艇简模和流体模拟器同时选中，使用"选择并链接"工具将这两个对象链接至点上，如图8-13所示。

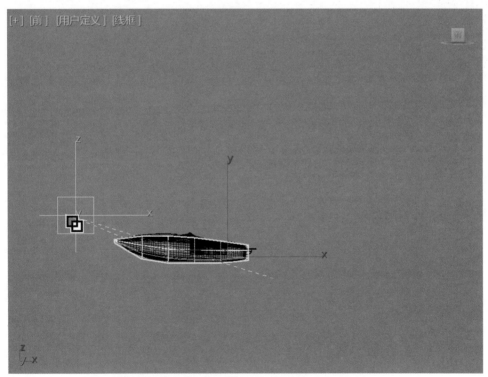

图8-13

08 设置新建关键点的切线类型为"线性"，如图8-14所示。

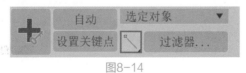

图8-14

09 按下快捷键N键，打开自动关键点功能。将"时间滑块"按钮拖动至第200帧，将点沿x轴向设置位移动画，如图8-15所示。

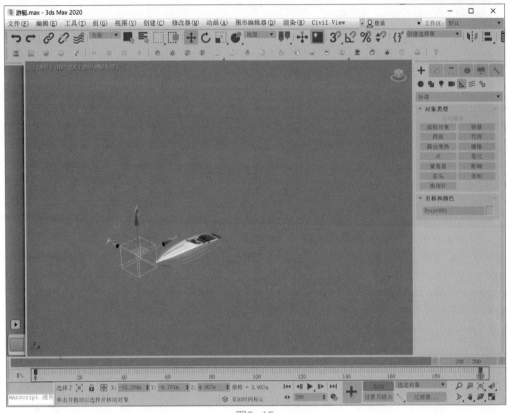

图8-15

10 设置完成后，再次按下快捷键N键，关闭自动关键点功能。拖动"时间滑块"按钮，即可看到游艇模型和液体模拟器已经开始跟随点一起运动。这样，场景的基本动画就设置完成了。

8.3.2 波浪计算模拟

01 选择液体模拟器，在"修改"面板中，单击展开Scene Interaction（场景交互）卷展栏，单击Add（添加）按钮，将场景中的游艇模型添加进来，这样，仅使用场景中的游艇简模来进行液体碰撞计算可以节省液体动画的模拟消耗时间，如图8-16所示。

02 展开Dynamics（动力学）卷展栏，勾选Initial Fill（初始填充）复选框，Initial Fill（初始填充）的值使用默认的50.0就可以，如图8-17所示。

图8-16

图8-17

Initial Fill（初始填充）的值用来控制液体模拟器在其内部所生成的水面高度，较低的值则会在PHX模拟器的范围内生成较低的水平面，反之会生成较高的水平面。如图8-18~图8-19所示为该值是40.0和80.0的水面填充效果。由于水面的高度不同，该值还会对游艇与水面交互产生的浪花形态有显著影响。

要想得到较为逼真的浪花模拟效果，用户需要了解现实世界中不同种类船只下海后的吃水深度，也就是船的底部到船与水面相交的垂直距离。

图8-18

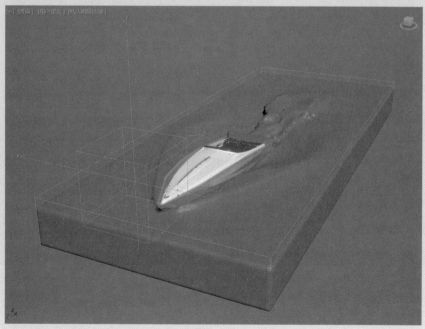

图8-19

03 设置完成后，在Simulation（模拟）卷展栏，单击Start（开始）按钮，系统即可开始进行液体动画解算，如图8-20所示。

图8-20

04 解算完成后，拖动"时间滑块"按钮，观察视图中的液体解算情况，如图8-21所示为解算后的液体计算结果。

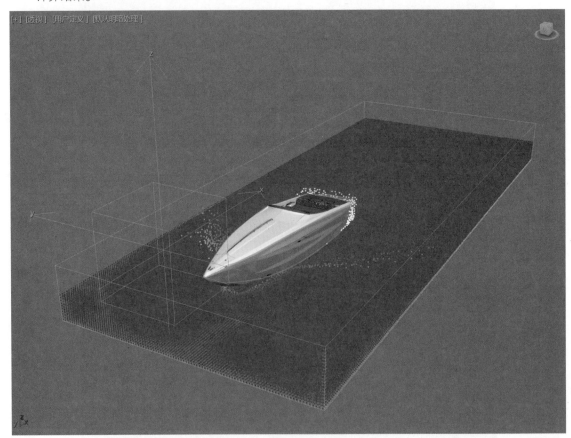

图8-21

05 展开Preview（预览）卷展栏，勾选Show Mesh（显示网格）复选框，这样用户可以更直观的观察液体解算出来的水面波浪形体，如图8-22所示。

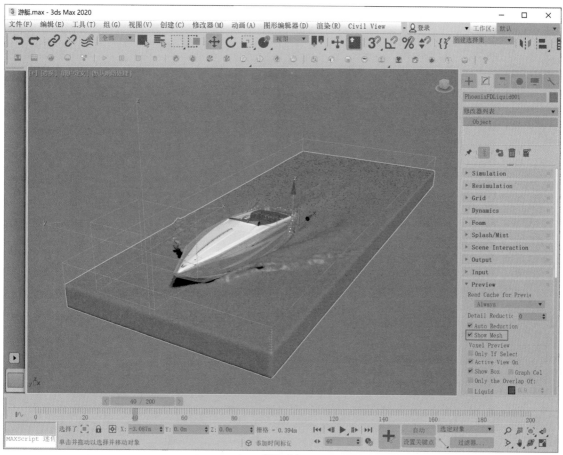

图8-22

06 现在仔细观察游艇后方的水面波浪计算结果，可以看到由于在第0帧，游艇模型与流体模拟器相交，导致了游艇船舱内部始终有一小部分液体产生了多余的液体碰撞计算，如图8-23所示。

图8-23

07 如何避免在计算时出现这种不正确的液体模拟情况呢？我们可以通过给游艇模型先制作一个下落的动画来解决这一问题。

08 将"时间滑块"移动至第0帧，在"前"视图中调整游艇简模的位置至水面以上位置处，如图8-24所示。

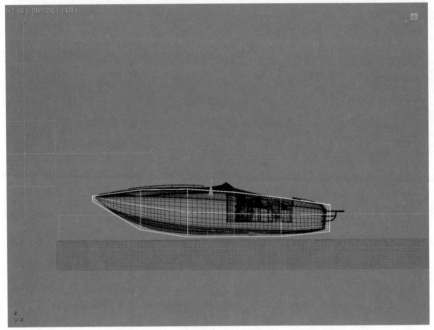

图8-24

09 按下快捷键N键，启动自动关键点功能。将"时间滑块"移动至第50帧，在"前"视图中调整游艇简模的位置约在水面以下位置处，如图8-25所示。设置完成后，再次按下快捷键N键，关闭自动关键点功能。

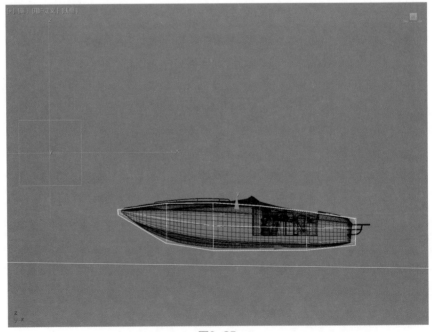

图8-25

10 设置完成后，再次单击Start（开始）按钮进行液体动画解算，解算完成后，游艇后方水面波浪的计算结果如图8-26所示。

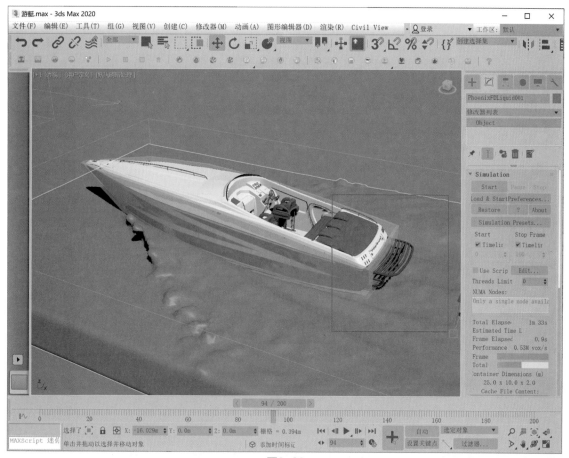

图8-26

技术专题：提高液体模拟的动画细节

无论是使用3ds Max 2020自带的"液体"工具，还是使用Phoenix FD插件来模拟液体动画，场景的单位设置和模型比例都应与真实世界所要模拟的对象大小相匹配，这样才能得到最精确的模拟结果，至于模型的尺寸是显示为2m还是200cm则无关紧要。

使用Phoenix FD插件的LiquidSim（流体模拟器）按钮来创建液体动画，通常需要读者先考虑流体模拟器的尺寸大小。如果我们要模拟的液体范围比较大，比如一块长100m、宽100m的水面，那么就一定要先设置好Cell Si（单元大小）的值，这样才可以把流体模拟器的尺寸调大，如图8-27所示。

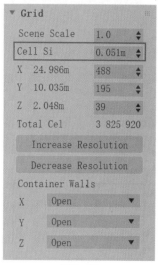

图8-27

如果在液体模拟的过程中，感觉计算机模拟的时间过长，用户则需要考虑单击Decrease Resolution（降低分辨率）按钮来减少Total Cel（总计单元）的值。如果用户觉得模拟出来的液体细节过少，则可以单击Increase Resolution（增加分辨率）按钮来增加Total Cel（总计单元）的值。如图8-28所示分别为一个Total Cel（总计单元）值较小和一个Total Cel（总计单元）值较大的流体模拟器在视口中的显示对比。

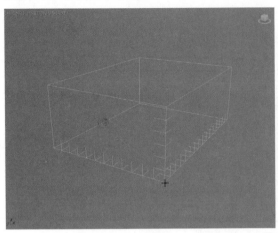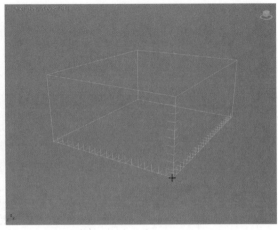

图8-28

从图8-28可以看出，Total Cel（总计单元）值较小的流体模拟器，其边缘的栅格显示较大，这样可以得到较快的模拟结果，但是缺点是模拟的精度不高，但是Total Cel（总计单元）值如果过大的话，则有可能使得计算机出现无响应的状态。所以，我们要想模拟出一个较为理想的液体动画效果则需要在不同的Cell Si（单元大小）值下尝试多次液体计算。

如图8-29所示为Total Cel（总计单元）值为1028664时的波浪计算结果。

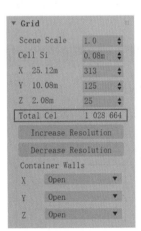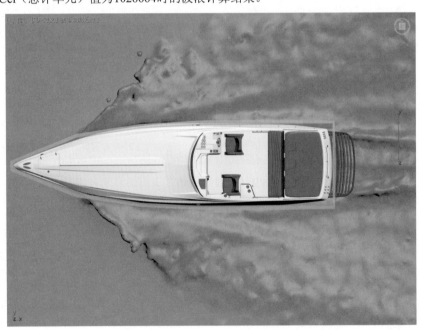

图8-29

如图8-30所示为单击Increase Resolution（增加分辨率）按钮后，Total Cel（总计单元）值增加至7442000时的波浪计算结果。

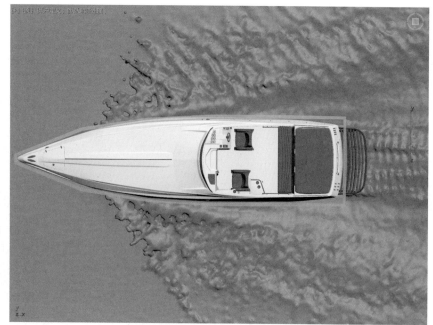

图8-30

8.3.3　泡沫计算模拟

01 接下来，开始为波浪动画添加细节——泡沫模拟。在"修改"面板中，展开Foam（泡沫）卷展栏，勾选Enable（启用）复选框，如图8-31所示。

02 这时，系统会自动弹出Phoenix FD对话框，询问用户是否需要创建一个Particle Shader，如图8-32所示。

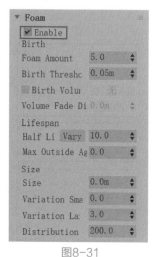

图8-31

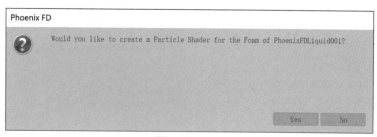

图8-32

03 单击Phoenix FD对话框中的Yes按钮后，场景中出现一个Particle Shader图标，如图8-33所示。

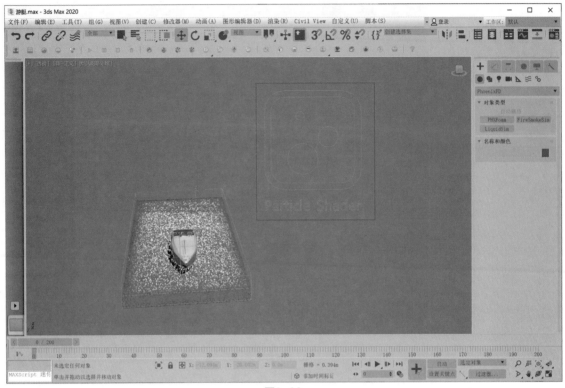

图8-33

04 勾选Enable（启用）复选框后，在Birth（出生）组中，设置泡沫的Foam Amount（泡沫数量）值为0.001，设置Birth Threshold（出生阈值）的值为2.0m，降低场景中泡沫的生成数量；在Size（大小）组中，设置泡沫的Size（大小）值为0.01m，如图8-34所示。

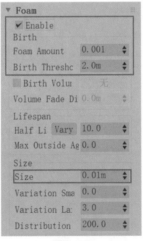

图8-34

 　　本实例中，由于所模拟的水面区域较大，所以如果使用Foam（泡沫）卷展栏中Birth（出生）组里默认的数值来进行泡沫生成计算，可能会导致计算机出现卡顿或者软件无响应等情况，所以应考虑先将Foam Amount值设置为一个较小的数值再进行泡沫生成模拟计算。另外，过多的泡沫也会在后期显著增加图像的渲染时间，请读者注意。

05 设置完成后，展开"模拟"卷展栏，将"时间滑块"按钮拖动至第0帧，单击"开始"按钮，再次进行液体模拟计算。

06 经过一段时间的液体计算后，将"时间滑块"按钮拖动至第90帧，浪花上产生的绿色点状泡沫如图8-35所示。泡沫及浪花细节如图8-36所示。

图8-35

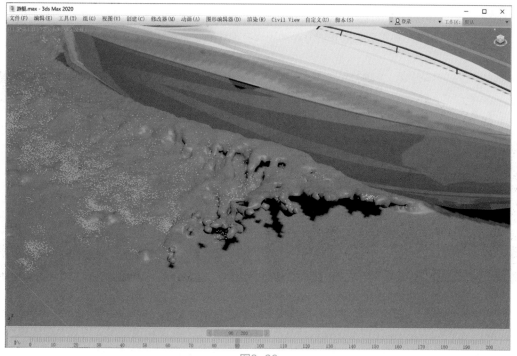

图8-36

07 最终模拟出来的浪花及泡沫序列，如图8-37所示。

图8-37

技术专题：如何控制泡沫的生成数量

泡沫是影响液体动画细节真实程度的重要因素，如图8-38所示为我在海边所拍摄的两张带有泡沫的海水照片，读者试想一下如果我们制作的海洋动画没有泡沫的话，那么给观众的真实感是不是会大为降低呢？

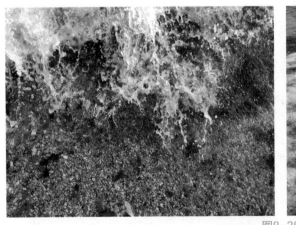

图8-38

想要制作出细节丰富的泡沫效果，通常需要我们将场景中泡沫的生成数量提高到一个很大的数值，我们应该将这个数值尽可能地控制在我们计算机所能承受的一个计算范围，如果场景中流体模拟器所产生的泡沫过多，则非常有可能使得我们的计算机出现无响应的状态。Foam（泡沫）卷展栏内的Foam

Amount属性就是有效能够控制泡沫生成数量的一个重要参数，如图8-39~图8-40所示为在本实例中，该值分别为0.001和0.01的泡沫生成效果对比。

图8-39

图8-40

　　Birth Threshold（出生阈值）用于控制泡沫产生于波浪起伏较大的区域范围，该值越大，产生的泡沫数量越少，反之亦然，如图8-41~图8-42所示分别为该值是2m和1m的泡沫生成效果对比。

图8-41

图8-42

8.4 为液体模拟器设置海洋材质

01 在场景中选择流体模拟器，在"修改"面板中，单击展开Rendering（渲染）卷展栏，将Mode（模式）切换为Ocean Mesh（海洋网格），如图8-43所示。切换时，系统会自动弹出Phoenix FD对话框，询问用户是否在渲染海洋时使用静态默认几何体（static default geometry），单击Yes按钮，即可关闭该对话框，如图8-44所示。

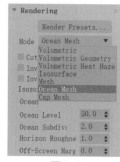

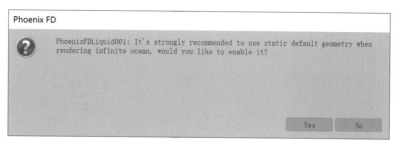

图8-43   图8-44

02 设置完成后，在视口中观察场景，可以看到流体模拟器会随着观察的角度不同增加自身的渲染面积，如图8-45所示为Mode（模式）分别设置为默认的Mesh（网格）和设置为Ocean Mesh（海洋网格）后的视口显示结果对比。

图8-45

03 从视口显示可以看出，现在的海洋平面是无限大的，并不仅限于流体模拟器的大小，但是在流体模拟器的边缘可以看到后生成的无限大水面与流体模拟器内的水面所产生的高差，这个高差会使得渲染结果看起来很不自然，如图8-46所示。

图8-46

04 在Rendering（渲染）卷展栏中，设置Ocean Level（海平面）的值为52.0，这样流体模拟器边缘的高差就会基本消除了，如图8-47所示。

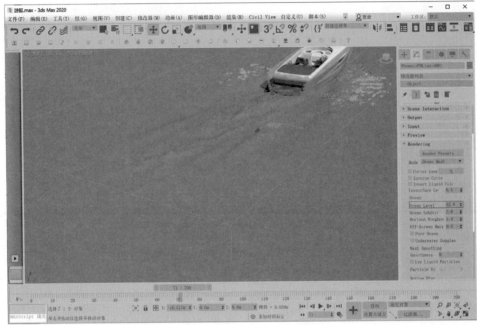

图8-47

05 接下来设置海洋的凹凸纹理效果，勾选Displacement（置换）复选框，并单击Map（贴图）后面的"无贴图"按钮，在弹出的"材质/贴图浏览器"对话框中，选择PhoenixFDOceanTex（PhoenixFD海洋纹理），如图8-48所示。

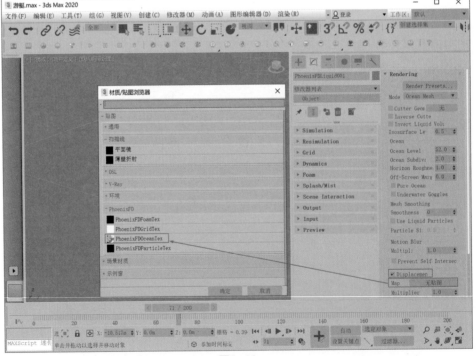

图8-48

06 设置完成后，即可在视口中观察到现在的海洋表面产生的波纹效果，如图8-49所示。

图8-49

07 按下快捷键M键，打开"材质编辑器"面板，选择一个空白的材质球，将其更改为VRayMtl材质，并重命名为"海洋"，如图8-50所示。

图8-50

08 在Basic parameters（基本属性）卷展栏中，设置材质的Diffuse（漫反射）颜色为深蓝色（红：0，绿：19，蓝：41），如图8-51所示。

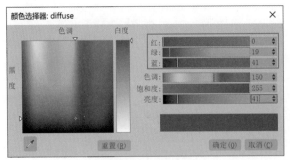

图8-51

09 设置Reflect的颜色为白色，调整Glossiness的值为0.86，制作出海洋材质的反射及高光效果，如图8-52所示。

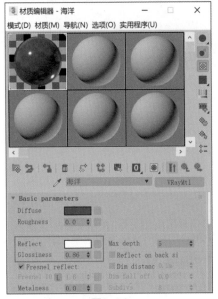

图8-52

10 制作完成的海洋材质球显示结果如图8-53所示。

图8-53

🖰 技术专题：调整海洋置换纹理的细节

使用PhoenixFDOceanTex（PhoenixFD海洋纹理）可以让用户渲染出效果逼真的海洋质感。下面，我详细介绍一下PhoenixFDOceanTex（PhoenixFD海洋纹理）的常用参数设置。打开"材质编辑器"面板，将Displacement（置换）组中的贴图纹理以"实例"的方式拖曳至"材质编辑器"面板的空白材质球上，这样可以使得我们能够在"材质编辑器"面板里调整海洋置换纹理的细节，如图8-54所示。

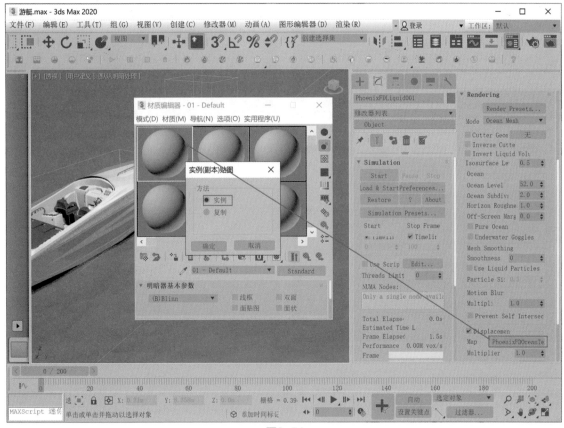

图8-54

展开Parameters（属性）卷展栏，我们可以通过更改Control by Wind Speed（风速）的值来控制海洋波纹的大小，如图8-55所示。如图8-56所示分别为Control by Wind Speed（风速）值是3.0m和5.0m的海洋波浪渲染结果对比。

图8-55

图8-56

我们还可以通过更改Level of Detail值来提高海洋纹理的细节程度，如图8-57所示分别为Level of Detail值是4和15的图像渲染结果对比。

图8-57

8.5 渲染设置

8.5.1 设置灯光

01 在"创建"面板中，将"灯光"的下拉列表切换至VRay，如图8-58所示。

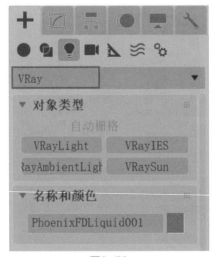

图8-58

02 单击VRaySun按钮，在"左"视图中创建一个VRaySun灯光，如图8-59所示。创建时，系统会自动弹出V-Ray Sun对话框，询问用户是否需要添加一个VRaySky environment map（VRay天空环境贴图），如图8-60所示。单击"是"按钮，即可完成VRaySun灯光和VRaySky environment map（VRay天空环境贴图）的创建。

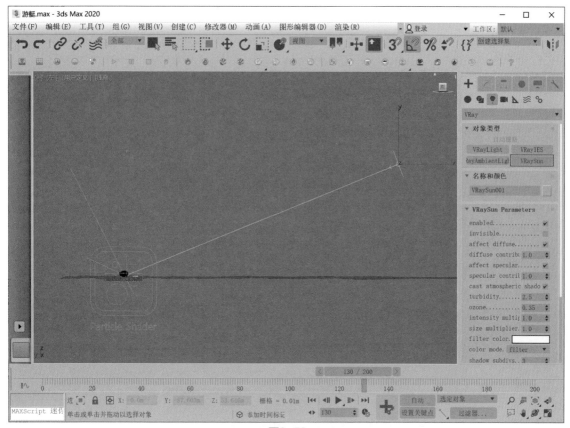

图8-59

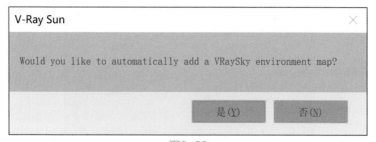

图8-60

8.5.2　渲染输出

01 打开"渲染设置"面板，可以看到本场景预先设置了使用VRay渲染器来进行渲染，如图8-61所示。

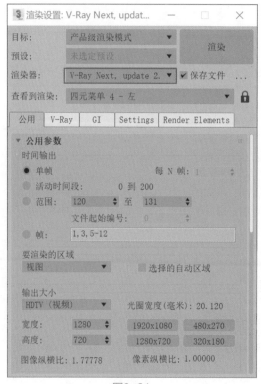

图8-61

02 在"公用"选项卡中，设置"时间输出"的选项为"范围：50至200"，并设置"输出大小"的"宽度"值为1280，"高度"值为720，如图8-62所示。

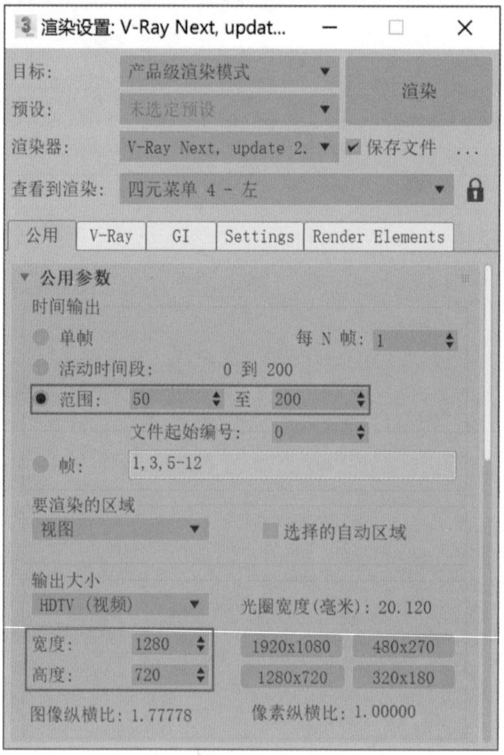

图8-62

03 在V-Ray选项卡中，展开Progressive image sampler（图像采样）卷展栏，设置Min.subdivs的值为50，提高图像的采样精度；设置Render time（渲染时间）的值为5.0，如图8-63所示。

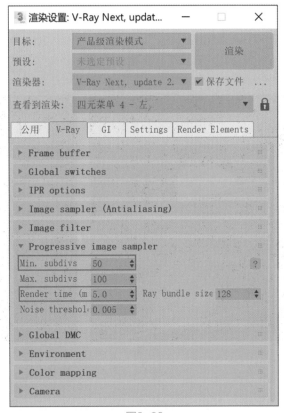

图8-63

04 设置完成后，渲染场景，本实例的最终渲染结果如图8-64所示。

图8-64

9.1　效果展示

　　本章节为读者讲解如何在3ds Max中制作连续爆炸的动画特效，最终的渲染动画序列效果如图9-1所示。该实例使用中文版3ds Max 2020软件进行制作，应注意的是本章节的内容还需要读者安装Chaosgroup公司生产的VRay渲染器和Phoenix FD火凤凰插件，动画输出使用VRay渲染器进行渲染。

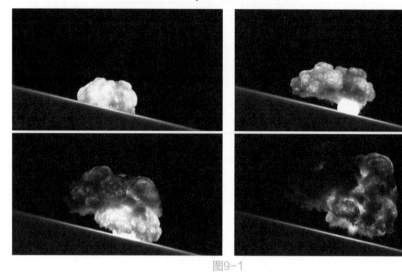

图9-1

9.2　场景单位设置

01　启动中文版3ds Max 2020软件，在制作爆炸特效之前，我们先将场景中的单位设置好，由于是模拟场景爆炸，而不是小的火苗燃烧，所以场景中的单位设置需要大一些。

02　执行菜单栏"自定义/单位设置"命令，打开"单位设置"对话框，设置"显示单位比例"的选项为"公制"，单位为"米（m）"，如图9-2所示。单击"系统单位设置"按钮，在弹出的"系统单位设置"对话框中，设置1单位=0.1（m），如图9-3所示。

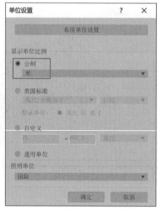

图9-2

图9-3

03　单位设置完成后，就可以进行接下来的爆炸场景制作了。

9.3　创建爆炸特效

9.3.1　创建爆炸发射装置

01　在"创建"面板中，单击"球体"按钮，在场景中创建一个球体模型，如图9-4所示。

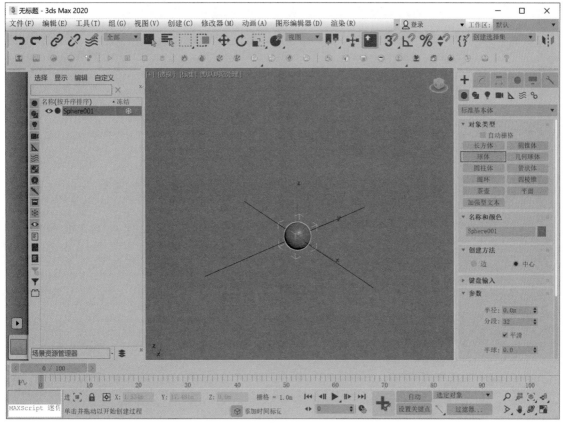

图9-4

02 在"修改"面板中，设置球体的"半径"值为1.0m，如图9-5所示。

03 将"创建"面板切换至"辅助对象"，并将下拉列表选择为Phoenix FD，如图9-6所示。

图9-5   图9-6

04 单击PHXSource按钮，在场景中创建一个图标为火焰形状的PHX源对象，如图9-7所示。

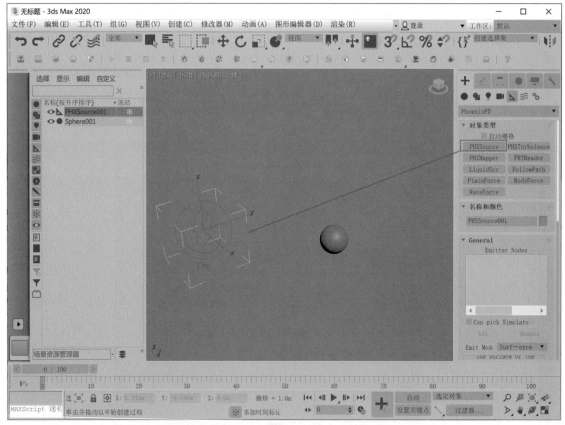

图9-7

05 在"修改"面板中，展开General卷展栏，单击Add（添加）按钮，将场景中的球体添加至Emitter Nodes（发射节点）下方的对象列表里，如图9-8所示。

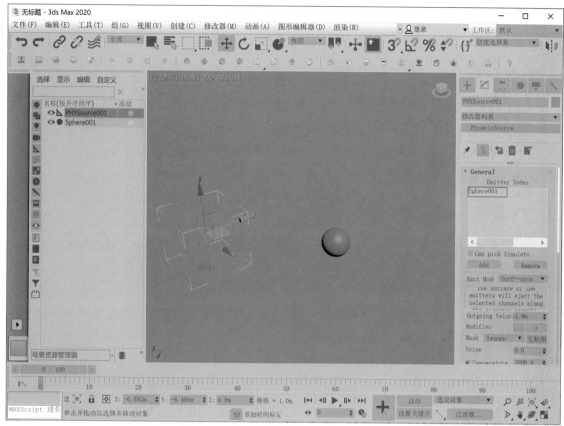

图9-8

06 将Emit Mode（发射模式）的选项设置为Volume Inject（体积注入），如图9-9所示。

图9-9

07 在本实例中，我希望将爆炸设置在场景中的第30帧以后发射，所以在第0帧我先设置Inject Power（注入强度）的值为0，如图9-10所示。

08 将"时间滑块"按钮拖动至场景中的第30帧，将鼠标移动至Inject Power（注入强度）参数后面的微调器上，按下组合键Shift+鼠标右键，为该属性设置关键帧，如图9-11所示。

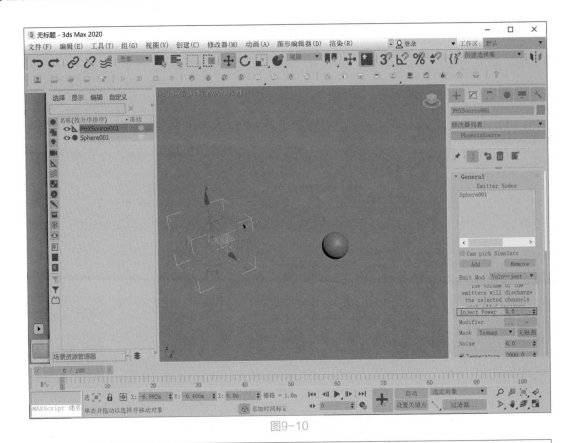

图9-10

图9-11

09 按下快捷键N键，开启自动记录关键帧功能，在第31帧上设置Inject Power（注入强度）的值为3000.0，如图9-12所示。

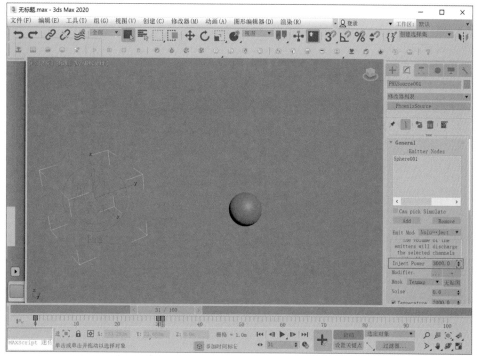

图9-12

10 将"时间滑块"按钮拖动至第40帧，设置Inject Power（注入强度）的值为0.0，如图9-13所示。

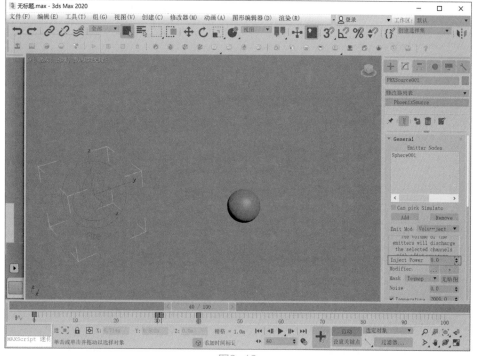

图9-13

11 这样，一个爆炸的基本发射装置就设置完成了。

9.3.2 爆炸动画模拟

01 在"创建"面板中，将"几何体"的下拉列表切换至VRay，单击VRayPlane（VRay平面）按钮，在场景中创建一个VRay平面对象，如图9-14所示。

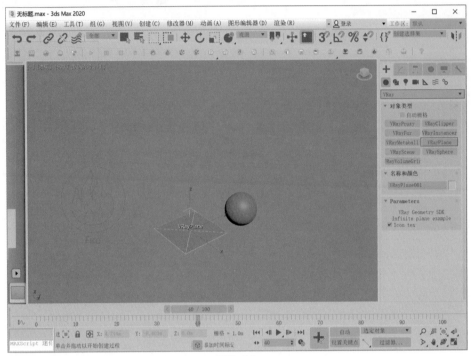

图9-14

02 在"修改"面板中，设置VRay平面的颜色为灰色，如图9-15所示。

图9-15

03 在"创建"面板中，将"几何体"的下拉列表切换至PhoenixFD，单击FireSmokeSim（火烟雾模拟）按钮，在场景中创建一个火烟雾模拟器，如图9-16所示。

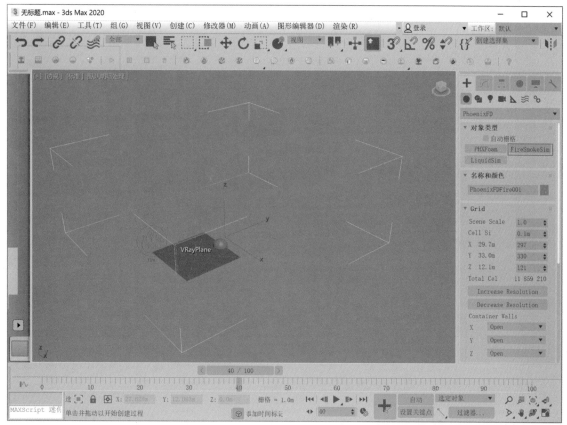

图9-16

04 在"修改"面板中，展开Grid（栅格）卷展栏，设置Cell Si（单元大小）的值为0.125m，设置X、Y和Z的值分别为400、400和300，这样，Total Cel（总计单元）的值显示为48 000 000，如图9-17所示。

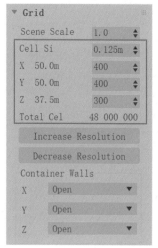

图9-17

05 设置完成后，将流体模拟器的位置调整至如图9-18所示位置处。

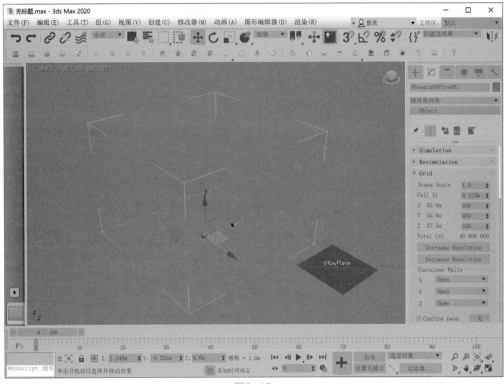

图9-18

06 展开Dynamics（动力学）卷展栏，设置Conservation（守恒）组内的Quality（质量）值为20，提高爆炸动画模拟所产生的烟雾形态质量，如图9-19所示。

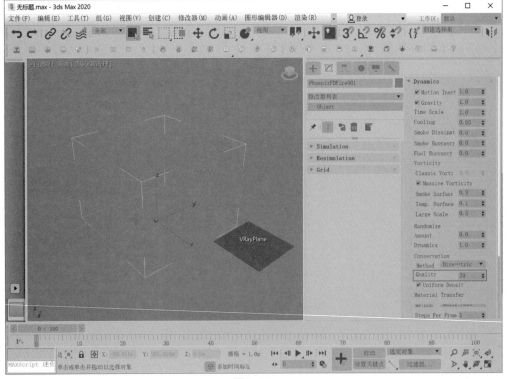

图9-19

07 展开Simulation（模拟）卷展栏，由于本实例的动画是从第30帧开始设置爆炸，所以取消勾选Start Frame（起始帧）组内的Timeline（时间线）复选框，并设置Start Frame（起始帧）的值为30，然后单击Start（开始）按钮，进行爆炸动画的模拟计算，如图9-20所示。

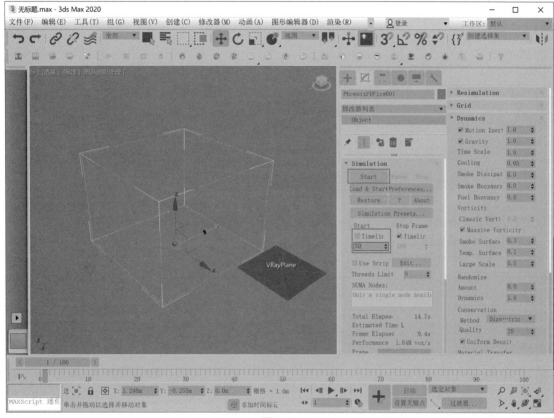

图9-20

08 先计算10帧的爆炸动画效果，如图9-21所示，我们可以看到球体上已经产生了一些点状的爆炸形态效果，但是看起来球体只有一半的模型产生了爆炸效果。这是因为我们创建的球体在默认情况下，只有一半处于火烟雾模拟器之中，如图9-22所示。

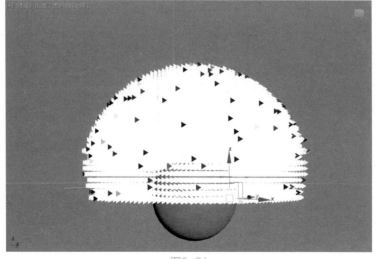

图9-21

图9-22

09 选择场景中的球体模型，在"修改"面板中，勾选"轴心在底部"复选框，这样，球体就全部处于整个火烟雾模拟器之中了，如图9-23所示。

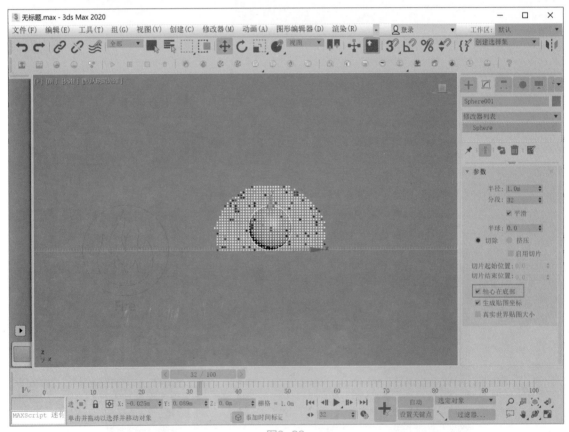

图9-23

10 设置完成后，在场景中选择火烟雾模拟器，展开Simulation（模拟）卷展栏，单击Start（开始）按钮，重新进行爆炸动画的模拟计算。经过一段时间的模拟计算后，得到的爆炸显示序列效果如图9-24所示。

图9-24

11 展开Preview（预览）卷展栏，勾选Show Mesh（显示网格）复选框，可以以几何实体的方式显示出火烟雾模拟器所计算出来的烟雾网格，如图9-25所示。

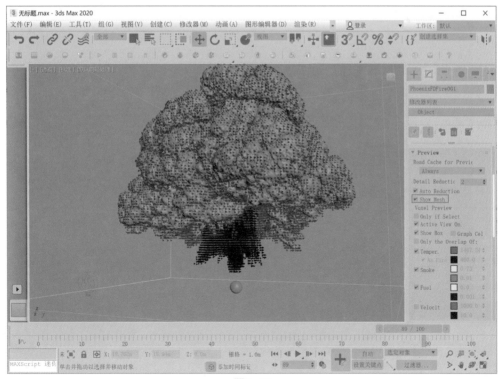

图9-25

9.3.3 制作连续爆炸动画

01 选择场景中的球体模型,按住快捷键Shift键,以拖曳的方式复制出另外两个球体,并随机摆放它们的位置,如图9-26所示。

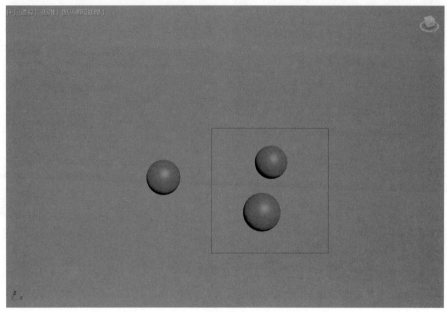

图9-26

02 选择场景中的PHX源对象,按住快捷键Shift键,以拖曳的方式复制出另外两个PHX源对象,并随机摆放它们的位置,如图9-27所示。

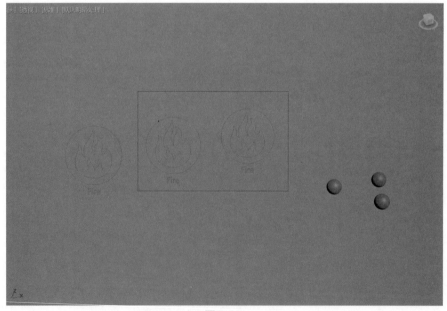

图9-27

03 依次选择场景中新复制出来的PHX源对象,在"修改"面板中,将Emitter Nodes(发射节点)分别设置为对应新复制出来的球体。设置完成后,正好每个PHX源对象都对应拾取一个球体作为新的"发射节点",并随机调整该PHX源对象的关键帧位置,如图9-28~图9-29所示。

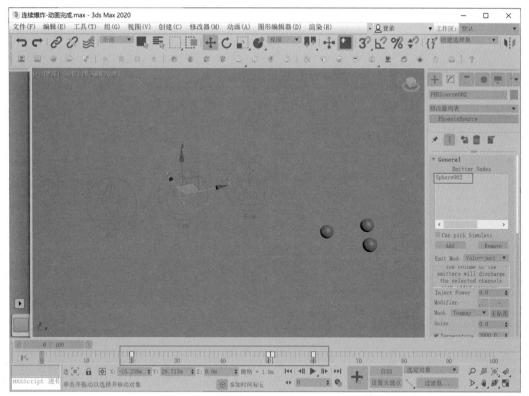

图9-28

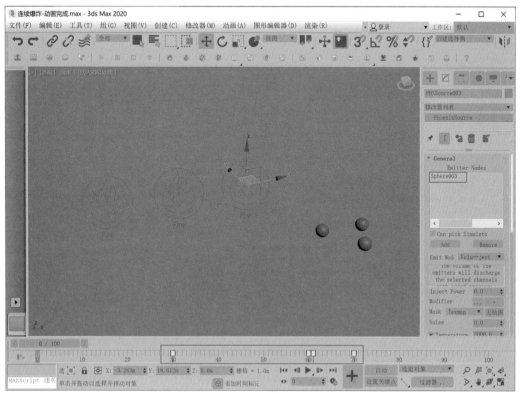

图9-29

04 设置完成后，在场景中选择火烟雾模拟器，展开Simulation（模拟）卷展栏，单击Start（开始）按钮，重新进行爆炸动画的模拟计算。经过一段时间的模拟计算后，得到的爆炸显示序列效果如图9-30所示。

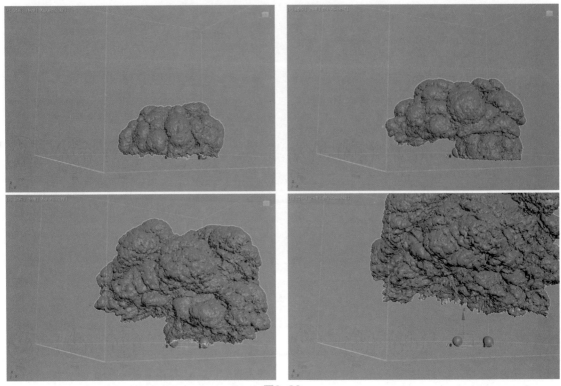

图9-30

9.4 渲染设置

9.4.1 创建摄影机

01 将"创建"面板中摄影机的下拉列表切换至VRay，如图9-31所示。

图9-31

02 单击VRayPhysicalCamera按钮，在"顶"视图中创建一个VRay物理摄影机，如图9-32所示。

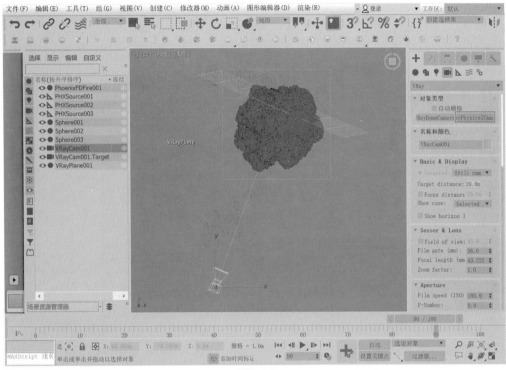

图9-32

03 按下快捷键F键，在"前"视图中调整VRay物理摄影机的位置至如图9-33所示。

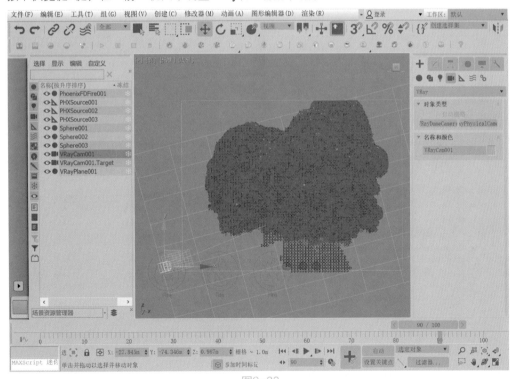

图9-33

04 按下快捷键C键，进入"摄影机"视图，使用"侧滚摄影机"功能调整VRay物理摄影机的拍摄角度至如图9-34所示。

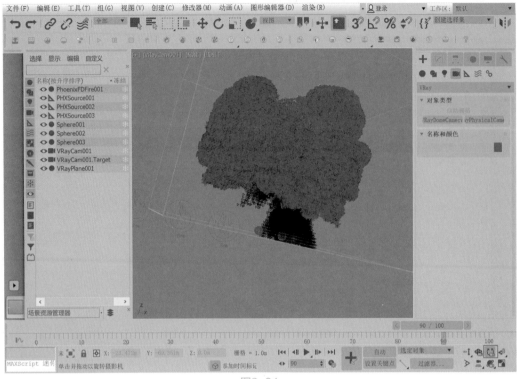

图9-34

9.4.2 渲染输出

01 打开"渲染设置"面板，将"渲染器"设置为V-Ray渲染器，渲染图像的"输出大小"设置"宽度"值为1280，"高度"值为720，如图9-35所示。

02 在V-Ray选项卡中，展开Progressive image sampler（图像采样）卷展栏，设置Min.subdivs的值为30，设置Render time的值为3.0，如图9-36所示。

图9-35

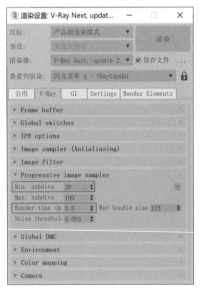

图9-36

03 渲染场景，渲染结果如图9-37所示。

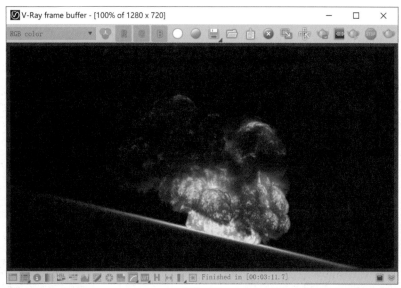

图9-37

04 从渲染结果上来看，图像的亮度稍暗一些。在场景中选择火烟雾模拟器，展开Rendering（渲染）卷展栏，单击Volumetric Options（体积选项）按钮，在弹出的Phoenix FD：Volumetric Render Settings（体积渲染设置）面板中，设置Light Power on Self（自发光）的值为2.0，设置Direct（直接）的值为20，并调整Remap Grid Channel Color and Opacity的曲线至如图9-38所示。

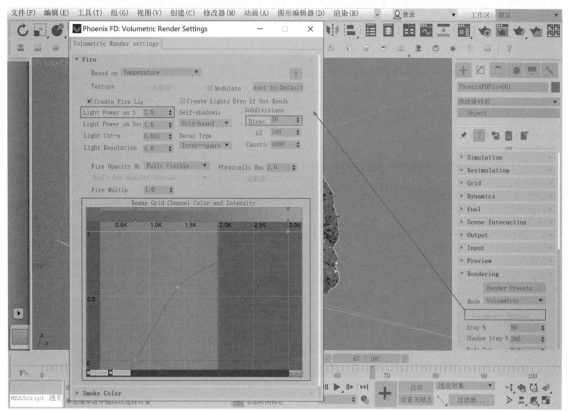

图9-38

05 设置完成后，关闭Phoenix FD：Volumetric Render Settings（体积渲染设置）面板，再次渲染场景，渲染结果如图9-39所示。

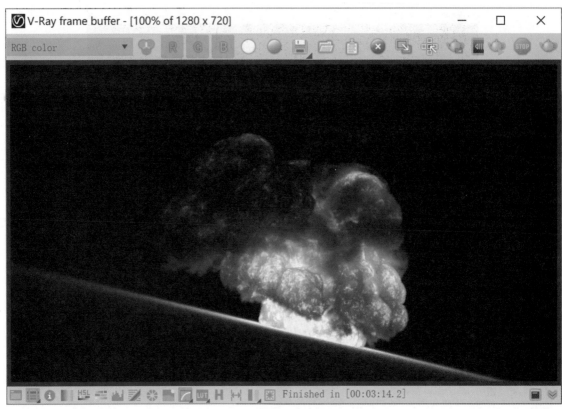

图9-39

06 接下来，我们调整一下渲染图像的色彩及亮度，在V-Ray frame buffer（V-Ray渲染帧）窗口中单击左下方的第一个按钮，即Show Corrections control（显示校正控制）按钮，即可在V-Ray frame buffer（V-Ray渲染帧）窗口的右侧弹出的Globals（全局）面板，如图9-40所示。

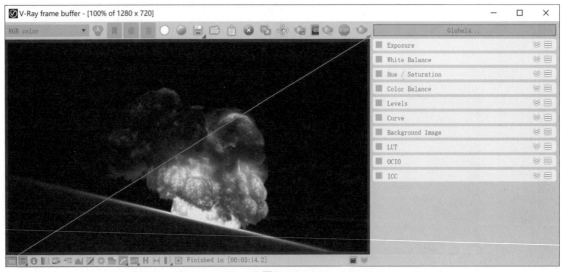

图9-40

07 展开Curve（曲线）卷展栏，调整图像的曲线至如图9-41所示，增加图像的亮度。

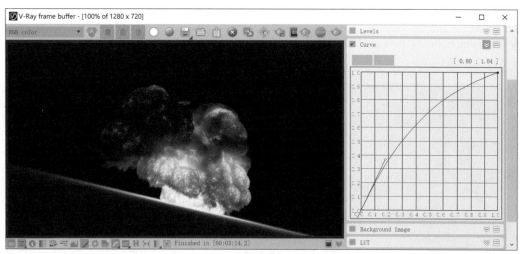

图9-41

08 展开Exposure（曝光）卷展栏，设置图像的Exposure（曝光）值为1.08，如图9-42所示。

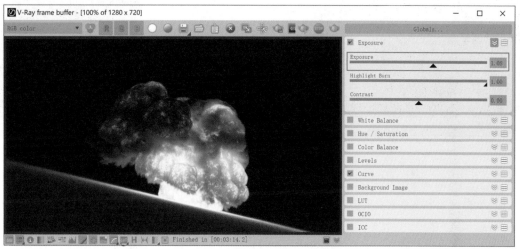

图9-42

09 展开Color Balance（色彩平衡）卷展栏，调整图像的色彩偏红色多一些，如图9-43所示。

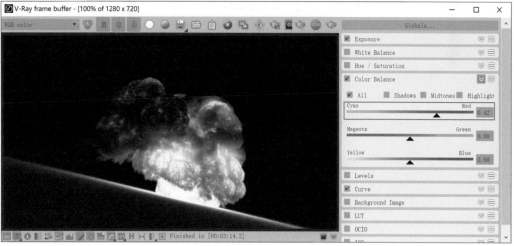

图9-43

10 设置完成后，本实例的图像最终渲染结果如图9-44所示。

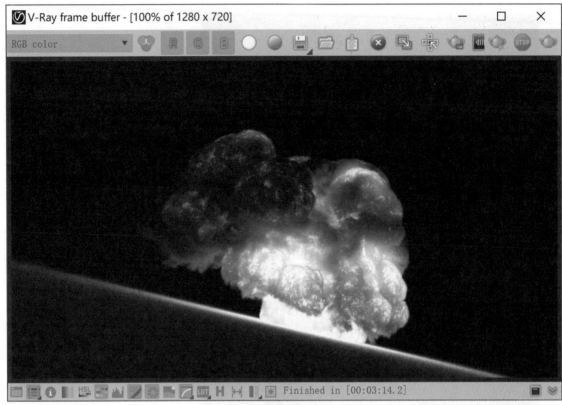

图9-44

🔒 技术专题：使用渲染预设渲染场景

火烟雾模拟器提供了多种渲染预设供特效动画师选择使用，展开Rendering（渲染）卷展栏，单击Render Presets（渲染预设）按钮，即可以弹出这些预设选项，如图9-45所示。

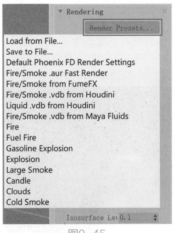

图9-45

我们也可以将调试好的渲染参数在这里通过执行Save to File（保存文件）命令，将其保存为tpr文件，以后还可以通过执行Load from File（加载文件）命令将其读取。为了观察清楚较为常用的预设渲染效果，我以本实例为例来进行渲染展示。具体操作步骤如下。

01 在场景中添加了一个VRay Sun灯光，灯光的位置如图9-46所示。

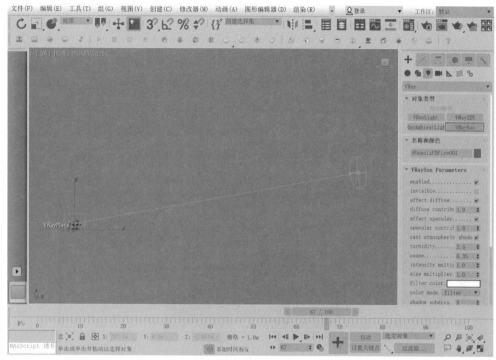

图9-46

02 单击Render Presets（渲染预设）按钮，在弹出的预设命令列表里选择Gasoline Explosion（汽油爆炸）选项，如图9-47所示。同时，系统会自动弹出Phoenix FD对话框，询问用户使用该预设将会覆盖掉现在的渲染设置，是否确定继续？单击Yes按钮，即可关闭该对话框，如图9-48所示。

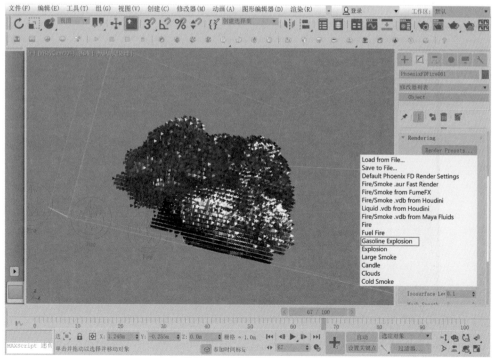

图9-47

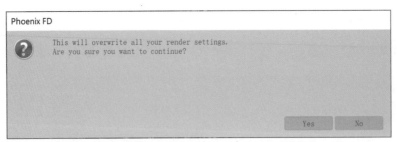

图9-48

03 设置完成后，渲染场景，渲染结果如图9-49所示。

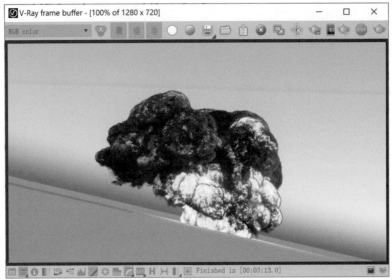

图9-49

04 将Render Presets（渲染预设）设置为Clouds（云）后，渲染场景，渲染结果如图9-50所示。

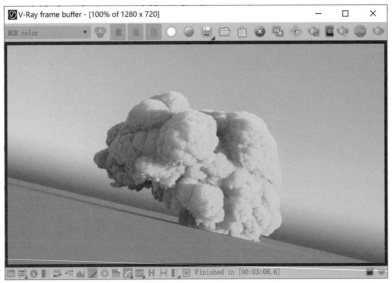

图9-50

05 将Render Presets（渲染预设）设置为Cold Smoke（冷烟）后，渲染场景，渲染结果如图9-51所示。

图9-51

06 将Render Presets（渲染预设）设置为Large Smoke（浓烟）后，渲染场景，渲染结果如图9-52所示。

图9-52

10.1　效果展示

　　水果炸裂特效静帧表现可以以夸张的手法来表现水果的新鲜、多汁特点，常常用于一些果汁广告或与水果有关的饮料广告中。在3ds Max中制作水果炸裂特效静帧表现主要有两种方法，一是使用Chaosgroup公司生产的VRay渲染器和Phoenix FD火凤凰插件来进行制作，如图10-1所示；二是使用3ds Max 2020自带的"液体"配合"运动场"来进行液体解算，如图10-2所示。下面，将在本章节中分别讲解这两种不同的液体模拟技术。

图10-1

图10-2

10.2　使用Phoenix FD来制作水果炸裂特效

10.2.1　设置场景单位

01　启动中文版3ds Max 2020软件，打开本章节场景资源文件"西红柿-VRay.max"，本场景中是几个西红柿的模型，并且已经设置好了灯光、摄影机及渲染参数，如图10-3所示。

图10-3

02 在制作爆炸特效之前，我们先将场景中的单位设置好。执行菜单栏"自定义/单位设置"命令，打开"单位设置"对话框，设置"显示单位比例"的选项为"公制"，单位为"厘米（cm）"，如图10-4所示。单击"系统单位设置"按钮，在弹出的"系统单位设置"对话框中，设置1单位=1.0毫米（mm），如图10-5所示。

图10-4　　　　　　　　　　　图10-5

03 单位设置完成后，就可以进行接下来的爆炸场景制作了。

10.2.2 创建液体发射装置

01 在"创建"面板中，单击"几何球体"按钮，在场景中创建一个几何球体模型，如图10-6所示。

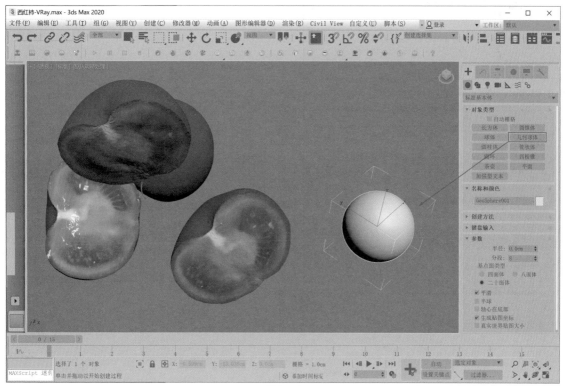

图10-6

02 在"修改"面板中，展开"参数"卷展栏，设置球体的"半径"值为2.0cm，如图10-7所示。

03 设置完成后，调整几何球体模型的位置至场景中水果西红柿模型的中心位置处，如图10-8所示。

图10-7 　　　　　　　　　　　　　　　　　　　　　　图10-8

04 在场景中选择几何球体模型，右击并在弹出的快捷菜单中执行Phoenix FD Properties（Phoenix FD 属性）命令，如图10-9所示。

05 在弹出的Phoenix FD props for 1 nodes对话框中，勾选Initial Liquid Fill（初始液体填充）复选框，这样将会在几何球体模型内部填充液体，如图10-10所示。

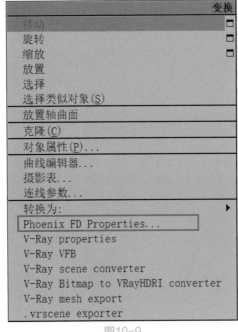

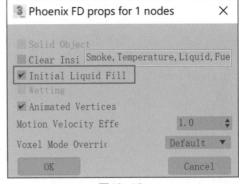

图10-9 　　　　　　　　　　　　　　　　　　　　图10-10

10.2.3　创建液体模拟器

01 在"创建"面板中，将"几何体"下拉列表的选项切换至PhoenixFD，如图10-11所示。

图10-11

02 单击LiquidSim按钮，在场景中创建一个液体模拟器，如图10-12所示。

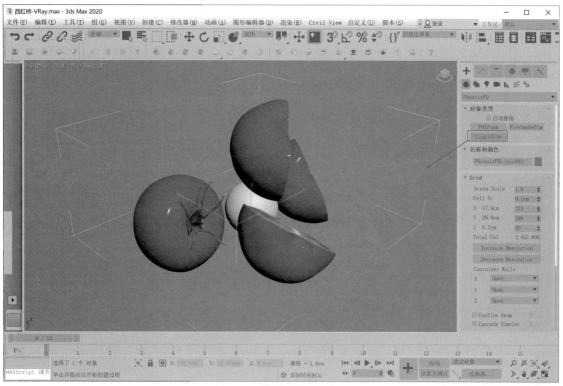

图10-12

03 在"修改"面板中，展开Grid（栅格）卷展栏，设置Cell Size（单元大小）的值为0.1cm，设置X、Y和Z的值均为300，确保液体模拟器的尺寸足够大到可以包裹住整个水果炸裂的范围，如图10-13所示。

04 设置完成液体模拟器的尺寸后，在"透视"视图中仔细调整液体模拟器的位置至如图10-14所示。

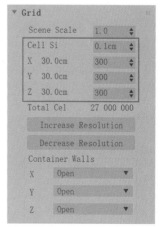

图10-13

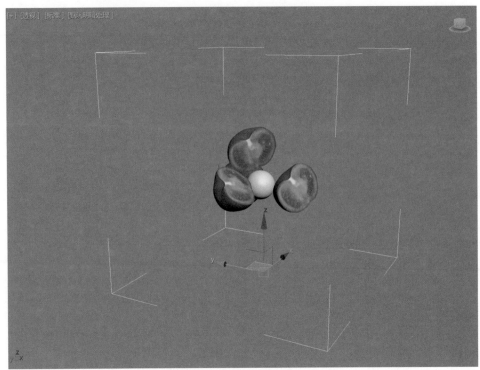

图10-14

10.2.4 创建力学影响

01 在"创建"面板中,将"辅助对象"下拉列表切换至PhoenixFD选项,如图10-15所示。

图10-15

02 单击PHXTurbulence按钮,在场景中创建一个PHX湍流,如图10-16所示。

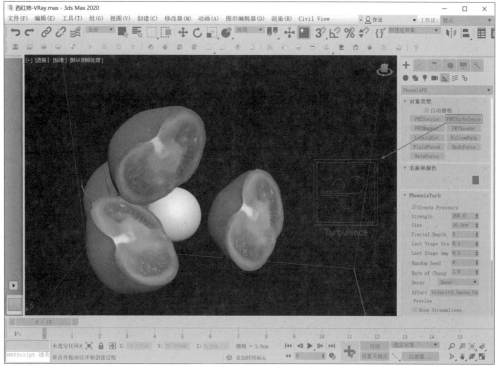

图10-16

03　在"修改"面板中，当"时间滑块"处于第0帧时，设置Strength的值为2000.0，设置Size的值为8.0cm，设置Fractal Depth的值为5，如图10-17所示。

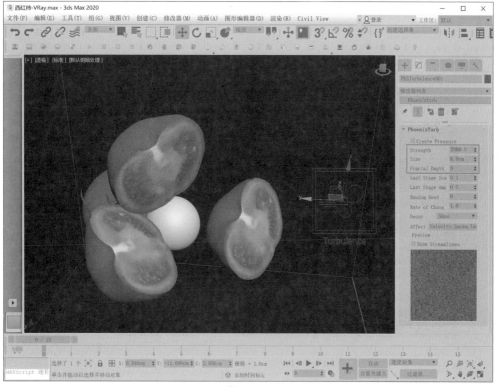

图10-17

04 按下快捷键N键，打开自动记录关键帧功能。将"时间滑块"按钮移动至第10帧时，设置Strength的值为500，设置Size的值为35.0cm，如图10-18所示。

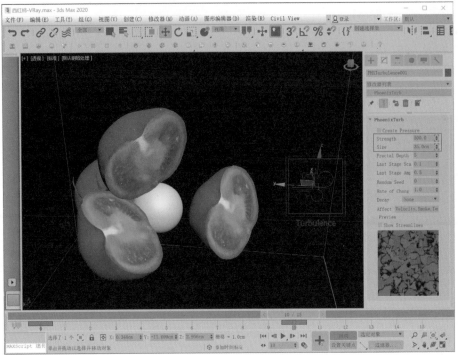

图10-18

05 设置完成后，关闭自动记录关键帧功能。并将PHX湍流对齐到场景中的几何球体模型上，如图10-19所示。

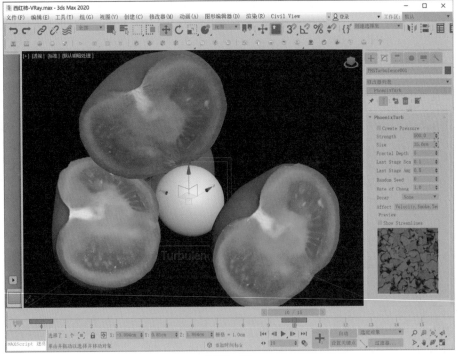

图10-19

06 选择场景中的液体模拟器，在"修改"面板中，展开Preview（预览）卷展栏，单击Add（添加）按钮，将场景中的PHX湍流添加进来，如图10-20所示。

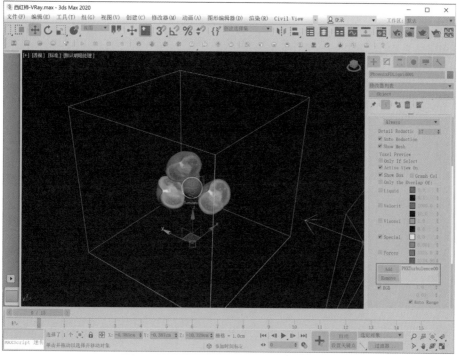

图10-20

07 勾选Forces（力）复选框，在场景中可以观察到PHX湍流对于液体模拟器所产生的影响，如图10-21所示。

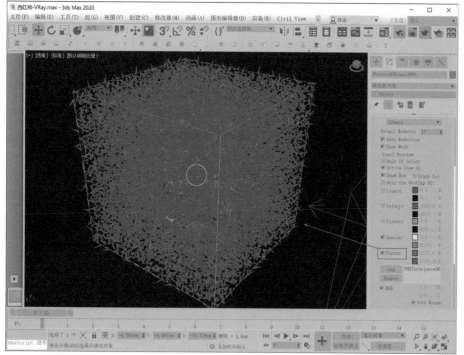

图10-21

08 展开Dynamics（动力学）卷展栏，取消勾选Gravity（重力）复选框，使得场景中的液体仅受到PHX湍流的影响向四周溅开，如图10-22所示。

图10-22

09 设置完成后，展开Simulation（模拟）卷展栏，单击Start（开始）按钮进行液体运动解算，得到的液体效果如图10-23所示。

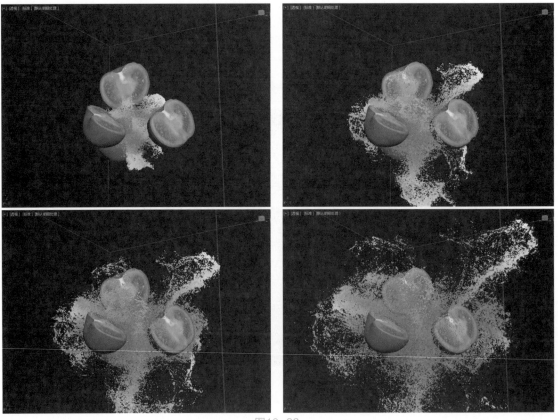

图10-23

10.2.5　制作果汁材质

01 按下快捷键M键，打开"材质编辑器"面板。选择一个空白的材质球，将其更改为VRayMtl材质，并重命名为"果汁"，如图10-24所示。

02 在Basic parameters（基本属性）卷展栏中，设置Diffuse（漫反射）的颜色为柿子色（红：231，绿：52，蓝：17），如图10-25所示。

图10-24

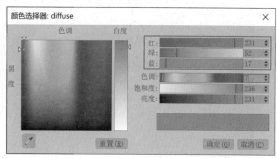

图10-25

03 设置Reflect（反射）的颜色为白色（红：255，绿：255，蓝：255），如图10-26所示。

04 设置Refract（折射）的颜色为灰色（红：191，绿：191，蓝：191），如图10-27所示。

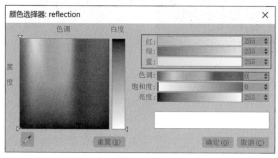

图10-26

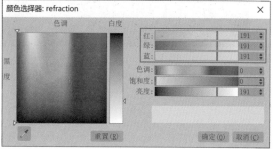

图10-27

05 设置Refract（折射）的Glossiness（光泽度）的值为0.6，设置IOR（折射率）的值为1.35，设置Fog color（烟雾颜色）的颜色与Diffuse（漫反射）的颜色相同，如图10-28所示。

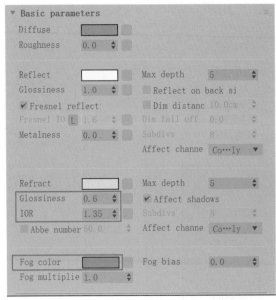

图10-28

06 将制作好的果汁材质球赋予场景中的液体模拟器，如图10-29所示。

07 设置完成的果汁材质球显示结果如图10-30所示。

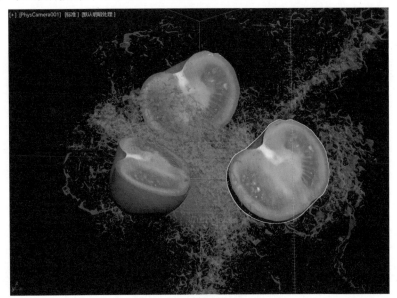

图10-29

图10-30

10.2.6　渲染设置

01 按下功能键F10，打开"渲染设置"面板，可以看到本场景预先设置了使用VRay渲染器来进行渲染，并且将渲染图像"输出大小"的"宽度"值设置为1280，"高度"值设置为720，如图10-31所示。

02 在V-Ray选项卡中，展开Progressive image sampler（图像采样）卷展栏，设置Render time（渲染时间）的值为5.0，如图10-32所示。

图10-31

图10-32

03 设置完成后，渲染场景，本实例的最终渲染结果如图10-33所示。

图10-33

技术专题：影响果汁炸裂细节的参数设置

在本实例中，果汁最初的形态是一个球形，通过在场景中创建PHX湍流来使得球形的果汁液体产生一个爆炸的效果，也就是说果汁炸裂所产生的形态主要是由PHX湍流中的参数来进行控制的。PHX湍流在"修改"面板中的参数命令如图10-34所示，下面我们对其中较为重要的参数进行讲解。

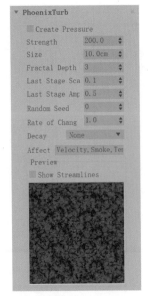

图10-34

📖 工具解析

- **Strength**：用于设置PHX湍流的力学强度，值越大，在相同的时间范围内对液体模拟器所产生的力学影响就越大。如图10-35所示为同一帧数下，该值分别是800和2000时，对液体模拟所产生的影响效果对比。

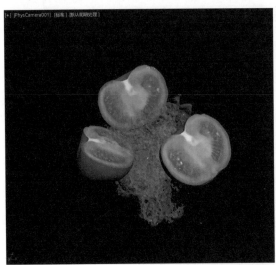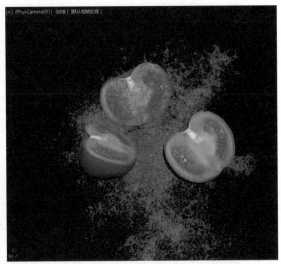

图10-35

- **Size**：用于设置PHX湍流力的比例值，可以通过下方的预览看到该值设置得越大，预览显示的图像纹理也随之增大。如图10-36所示为该值分别是10.0cm和30.0cm的预览图像显示对比。如图10-37所示为该值分别是10.0cm和50.0cm时，对液体模拟所产生的影响效果对比。
- **Fractal Depth**：用于设置PHX湍流力的分形深度，值越大，产生的液体形态越零碎。如图10-38所示分别为该值是0和5时，对液体模拟所产生的影响效果对比。
- **Random Seed**：用于设置PHX湍流的随机种子值，不同的种子值可以产生不同的液体飞溅效果，如图10-39所示为该值设置了不同数值后所产生的液体计算结果对比。

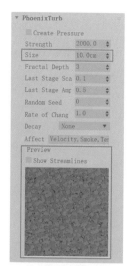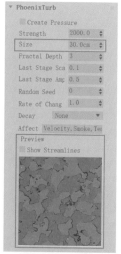

图10-36

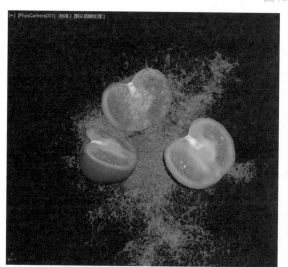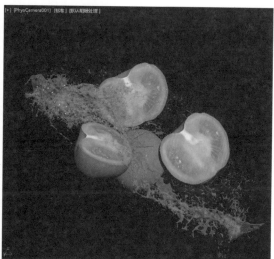

图10-37

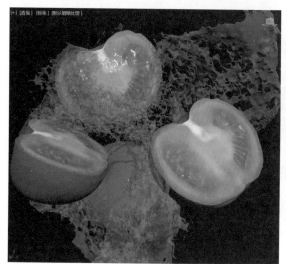

图10-38

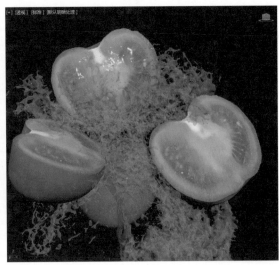

图10-39

10.3 使用"液体"来制作水果炸裂特效

10.3.1 设置场景单位

01 启动中文版3ds Max 2020软件，打开本章节场景资源文件"草莓-Arnold.max"，本场景中包含了几个草莓的模型，并且已经设置好了灯光、摄影机及渲染参数，如图10-40所示。

图10-40

02 在制作爆炸特效之前，我们先将场景中的单位设置好。执行菜单栏"自定义/单位设置"命令，打开"单位设置"对话框，设置"显示单位比例"的选项为"公制"，单位为"厘米"，如图10-41所示。单击"系统单位设置"按钮，在弹出的"系统单位设置"对话框中，设置1单位=1.0毫米，如图10-42所示。

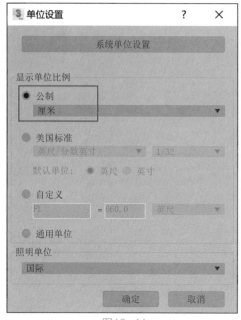

图10-41

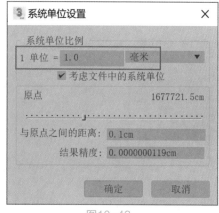

图10-42

03 单位设置完成后，就可以进行接下来的液体炸裂场景制作了。

10.3.2　创建液体发射装置

01 将"创建"面板中"几何体"下拉列表的选项切换至"流体"，如图10-43所示。

图10-43

02 单击"液体"按钮，在"前"视图中创建一个"液体"图标，如图10-44所示。

03 在视图中调整"液体"图标的位置至如图10-45所示，使得"液体"图标位于场景中草莓模型的中心位置处。

图10-44

图10-45

04 在"修改"面板中，单击"设置"卷展栏内的"模拟视图"按钮，打开"模拟视图"面板，如图10-46所示。

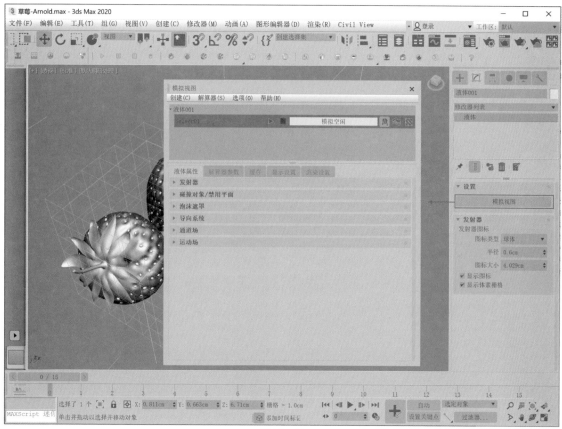

图10-46

05 在"模拟视图"面板中，展开"发射器"卷展栏，设置"图标类型"的选项为"球体"，将"半径"的值设置为0.6cm，如图10-47所示。

06 展开"碰撞对象/禁用平面"卷展栏，将场景中的所有草莓模型均设置为液体的碰撞对象，如图10-48所示。

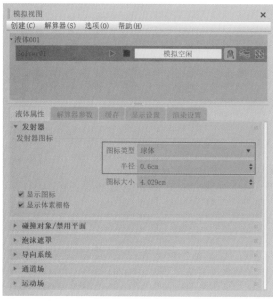

图10-47

图10-48

07 在"解算器参数"选项卡中，展开"常规参数"卷展栏，取消勾选"使用时间轴"复选框，设置"开始帧"的值为0，设置"结束帧"的值为15，也就是说本实例只需要计算15帧的液体动画即可，并设置"重力幅值"的值为0，如图10-49所示。

08 展开"液体参数"卷展栏，将液体的"预设"选项设置为"牛奶"，如图10-50所示。

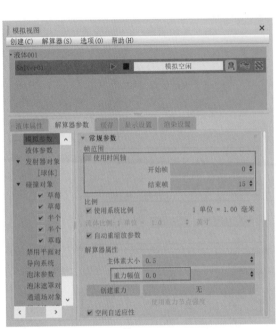

图10-49

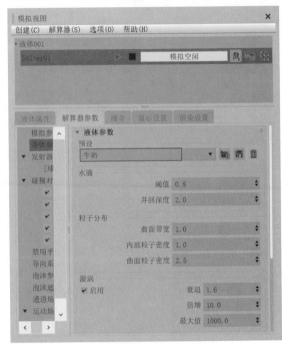

图10-50

09 展开"发射器参数"卷展栏，设置液体的"发射类型"选项为"容器"，这样将会在"液体"图标的球形区域内部填充液体，如图10-51所示。

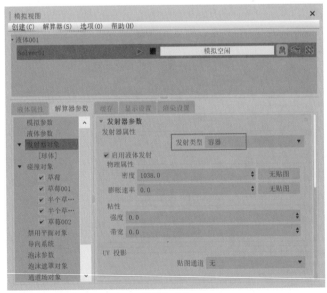

图10-51

10 设置完成后，单击"开始解算"按钮，我们便可以看到在"液体"图标上计算出来的球形液体，如图10-52所示。

图10-52

10.3.3　创建运动场影响

01 在"创建"面板中，单击"运动场"按钮，在场景中创建一个运动场，如图10-53所示。

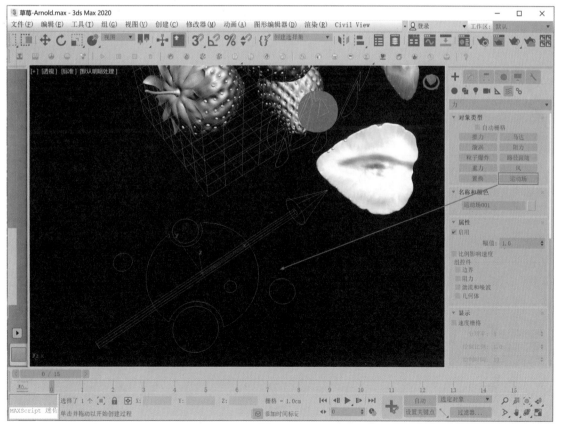

图10-53

02 在"修改"面板中，展开"显示"卷展栏，勾选"速度栅格"复选框，即可看到运动场所产生的力学影响方向，在默认状态下，运动场所产生力的方向与运动场的箭头方向一致，如图10-54所示。

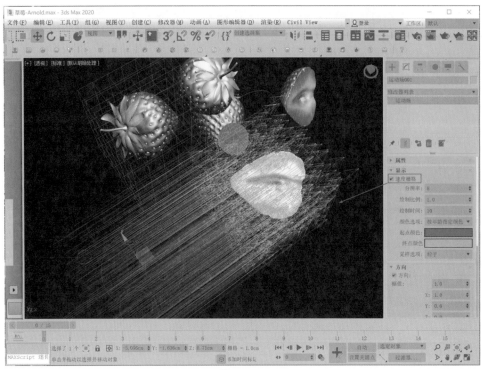

图10-54

03 在本实例中，我们需要模拟出一个类似爆炸效果的力学，所以，在"方向"卷展栏中，取消勾选"方向"复选框，勾选"同心"复选框，这样运动场会显示为从一个点向四周爆发的力学状态，同时，设置"同心"的值为0.2，降低运动场的力学强度，如图10-55所示。

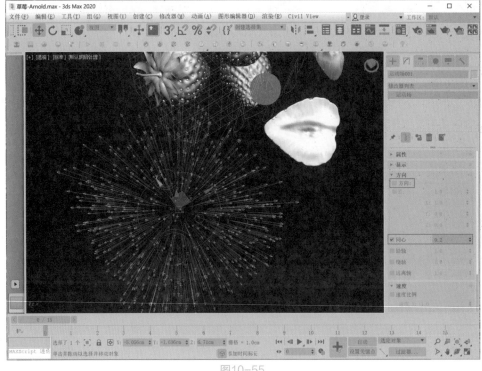

图10-55

04 选择运动场，按下组合键Shift+A，再单击"液体"图标，将运动场快速对齐到场景中的"液体"图标位置处，如图10-56所示。

图10-56

05 在"模拟视图"面板中，展开"运动场"卷展栏，将创建好的运动场添加进来，如图10-57所示。

06 设置完成后，单击"开始解算"按钮，如图10-58所示。

图10-57

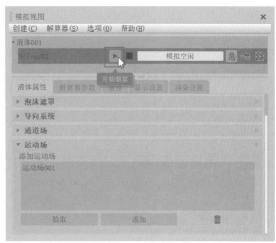

图10-58

07 经过一段时间的液体动画解算后，计算出来的液体爆炸效果如图10-59所示。

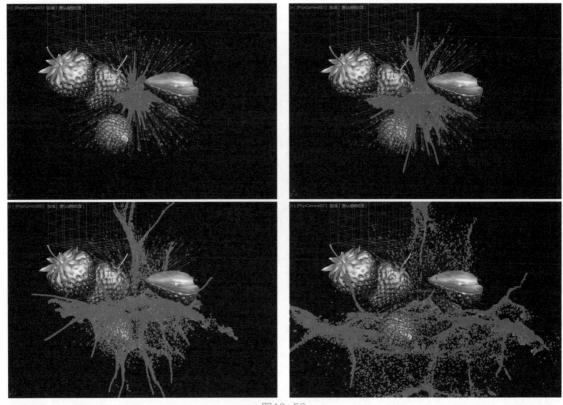

图10-59

08 在"显示设置"选项卡中,将液体的"显示类型"更改为"Bifrost动态网格"选项,如图10-60所示。可以以网格实体的方式更加直观地显示计算出来的液体形态,如图10-61所示。

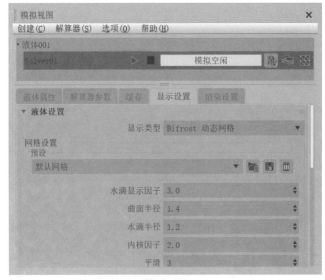

图10-60

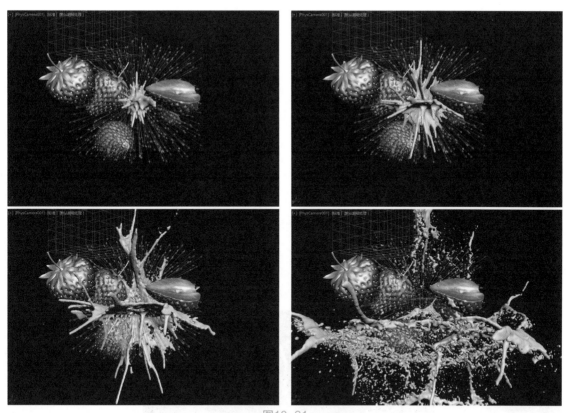

图10-61

10.3.4　制作牛奶材质

01 打开"材质编辑器"面板，选择一个空白的材质球，将其更改为Standard Surface材质，并重命名为
　　"牛奶"，如图10-62所示。

图10-62

02 展开Specular卷展栏，设置Roughness的值为0.6，降低牛奶材质的镜面反射效果，如图10-63所示。

03 展开Subsurface卷展栏，设置Subsurface的值为0.5，增加牛奶材质的次表面散射属性，如图10-64所示。

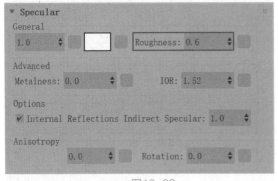

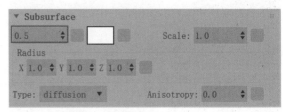

图10-63   图10-64

04 将制作好的牛奶材质球赋予场景中的液体，如图10-65所示。

05 设置完成后，牛奶材质球的显示结果如图10-66所示。

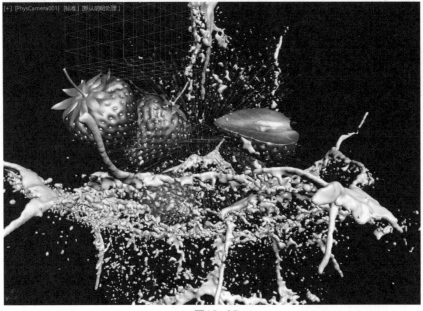

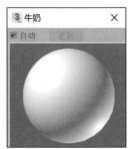

图10-65   图10-66

10.3.5　渲染运动模糊特效

01 在"模拟视图"面板中，打开"渲染设置"选项卡，将液体的"渲染为："选项设置为"Arnold曲面"，如图10-67所示。

02 设置完成后，渲染"摄影机"视图，即可看到渲染结果呈现出非常明显的运动模糊效果。需要读者注意的是，该运动模糊效果的计算是强制执行的，也就是说即使我们没有在摄影机的属性里勾选"启用运动模糊"复选框，渲染图像时Arnold渲染器也会自动计算运动模糊效果，如图10-68所示。

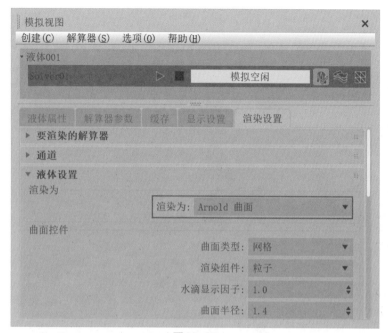

图10-67

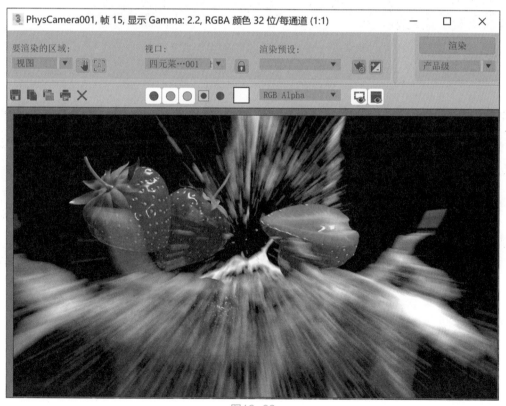

图10-68

03 选择场景中的摄影机，在"修改"面板中，勾选"启用运动模糊"复选框，并设置"持续时间"的值为0.05，如图10-69所示。如图10-70所示为该值是0.2和0.05的渲染结果对比，通过图像对比可以看出降低"持续时间"的值能够有效降低渲染结果的运动模糊程度。

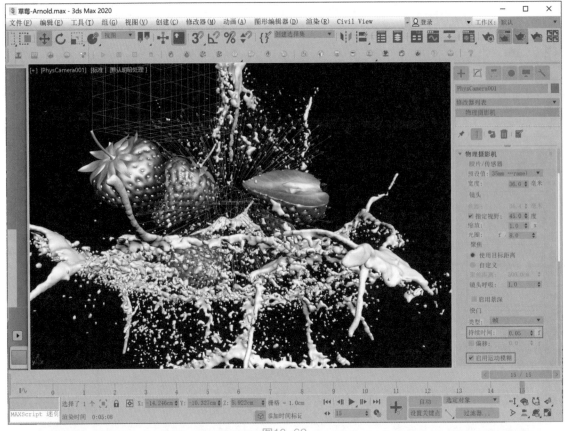

图10-69

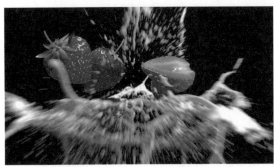 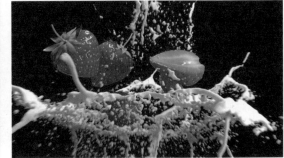

图10-70

04 打开"渲染设置"面板，将渲染图像"输出大小"的"宽度"值和"高度"值分别设置为1280和720，如图10-71所示。

05 在Arnold Renderer选项卡中，展开Sampling and Ray Depth卷展栏，设置Camera（AA）的值为5，设置SSS的值为3，提高渲染图像的计算精度，如图10-72所示。

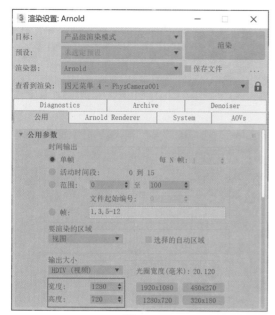

图10-71

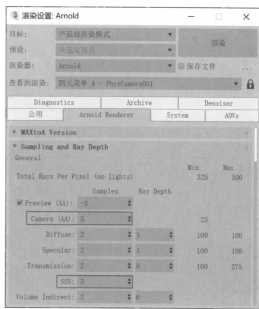

图10-72

06 设置完成后，本实例的最终图像渲染结果如图10-73所示。

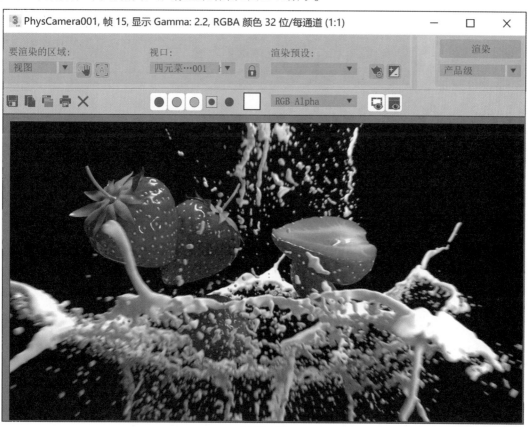

图10-73